生物文化多様性

編著

敷田麻実／湯本貴和／森重昌之
Shikida Asami　Yumoto Takakazu　Morishige Masayuki

漫画

ドウノヨシノブ

JN047149

講談社

執筆者一覧

（五十音順、＊印は編者、数字は担当章）

愛甲哲也
（北海道大学 准教授：7.1.1・7.1.2項、7.2節）

内田奈芳美
（埼玉大学 准教授：5章）

菊地直樹
（金沢大学 准教授：7.3節）

坂村圭
（東京工業大学 特任助教：5章）

敷田麻実＊
（北陸先端科学技術大学院大学 教授：1章、3章、10章）

新広昭
（金沢星稜大学 教授：9章）

須賀丈
（長野県環境保全研究所 自然環境部長：4章）

三上修
（北海道教育大学函館校 教授：6章）

森重昌之＊
（阪南大学 教授：8章）

湯本貴和＊
（京都大学 教授：2章、7.1.3項）

〈 漫画 〉
ドウノヨシノブ
（京都精華大学 講師、一般社団法人 なないろめがね 代表理事）

はじめに

　私たちの社会や経済は予想を超えて発展し、豊かな社会を実現した。多くの人々が病気や災害の不安から解き放たれて、安心と安全な生活を手に入れた。都市化が進み、世界人口の50％以上を占める都市住民は荒ぶる自然と切り離された生活を送れるようになった。欧米はもちろん、アジアや南米、さらにはアフリカの一部の国の都市は、経済的な豊かさを手に入れ、次々にモダンな文化を生み出している。毎年13億人もの観光客が、今までに経験したことのない体験を求めて国境を越えている。インターネットの普及はそれを加速し、創造性が豊かで、日々イノベーションが進む社会を構築したかのようだ。

　しかし、産業革命以降、資源やエネルギーの供給面では、効率性の追求や生産量の拡大が過剰な資源利用につながり、持続可能性への配慮を欠いた開発によって生態系の荒廃や生物多様性の低下が進んだ。また、グローバル化によって地域の文化多様性が失われ、世界中どこに行っても同じシステムや都市に出会うことが多い。さらに、都市と周辺の農村の関係が弱体化し、現代文化と繁栄を手に入れた都市にも、供給を担うだけの農村にも問題が生じている。資源やエネルギーの供給をはじめ、生態系から得られる癒しや精神的な効用も含めれば、都市だけで世界が成立しないことは明らかである。経済の発展によって一時的にしのげても、廃棄物の増加や地域文化の喪失によって困難が生じている。都市と農村の「分業」システムが維持できなくなった現在、両者は同じシステムのなかにいるのだから、一方を失うと他方も失われる。

　1987年に国連の「環境と開発に関する世界委員会」で強調された持続可能な開発の概念は、多くの社会的関心を集めてきた。研究の世界も例外ではなく、持続可能性に関する多数の研究論文が発表され続け、その数は約8年ごとに倍増し、現在に至っている。そこで示されたことは、現代の大量生産と大量消費を基礎にした社会が持続可能ではなく、私たちに何らかの対策が求められているということである。その後も、レジリエンスや

生態系サービス、SDGsと現代社会の抱える問題を解くためのキーワードは、時代に応じて関心を集めてきた。もはや時代は人類が大きく地球環境を変えてしまう「人新世」に突入しているという認識も広がりつつある。

　こうした問題に対し、研究者はそれぞれの立場から研究を進めてきた。生物学者は生物を通して、文化を研究する者は文化を通して、社会の持続可能性を捉えてきた。誰もが自分の専門分野から問題を整理しようとした。だからこそ「専門家」と呼ばれ、研究にも一定の評価が与えられてきた。しかし、自らの専門性、ものさしを通して見る世界には限界がある。

　本書のテーマである「生物文化多様性」は、生態系と文化の相互作用を示す新しい専門用語である。それは今まで別々に捉えられてきた生態系の問題と、文化の問題を同時に考えようとしている。それを新しく提案された流行語や時代を映すひとつの専門用語にしかすぎないと言い切ることもできる。しかし、生態系保全を科学的に進めるだけでは、社会が豊かにならないことに私たちは気づきはじめている。

　「生物に加えて文化の多様性か」とため息が出そうだが、文化多様性は民族や国家の固有性、地域文化の問題にはじまり、LGBTやSOGI、さらに生き方を含むライフスタイルの問題にまで影響する。また、最近の田園回帰や田舎暮らし賞賛のなかで、高度経済成長期にもてはやされた都市生活への憧れは廃れ、誰もが自由な生き方を選択することを目標にしはじめた。私たちはユネスコの「文化的多様性に関する世界宣言」を知らなくても、地域や民族に固有の文化が重要であることを疑うことは少なくなり、むしろ多様な文化を保持できることが豊かな社会の指標となっている。私たちがつくり出してきた文化は、保全するだけではなく、今日も明日も新たにつくり出すことができる。

　一方、人がつくり出したものではない生態系や生物の多様性は、科学的知見によって保全すればすむと私たちの多くは考えている。しかし、実際の生態系保全にはコストや手間がかかる。近年、ICTを用いて効果的に保全しようという動きもあるが、生態系は私たちが思うようには管理できない。また、そこには経済的に豊かであればという条件がついてくる。雇用の安定や経済、生活の豊かさを無視して、生態系の保全を考えることはできない。個別分野での最適な解決は、決して恒久的な解決につながらず、

かえって分野間の対立や無理解を生んでいる。こうしたジレンマはなぜ起きているのだろうか。

　本書のテーマである「生物文化多様性」は、伝統的な文化とそれにかかわる自然環境（生態系）の保全を説明する言葉として生み出され、1988年に国際民族生物学会で初めて使われた。今では、ひとつの分野で解決できないことは、分野を超えても解決できないのではなく、分野を超えることで総合的に解決ができるという逆転の発想によって、問題解決につながるのではないかと期待されている。

　それでは、全体の構成について解説しよう。本書は初学者でも理解しやすいように、ジョンとアキという2人の学生が全国をフィールドワークするなかで、生態系と社会の深いかかわりに気づく物語をマンガにした。各章のマンガを追うだけでも、生物文化多様性の考え方や重要性がわかるようにしてある。シンガポールからの留学生ジョンは日本の大学でアキと出会い、指導するユアサ先生が見守るなか、各地のフィールドで自然と文化のかかわりを体験していく。これは、2人が対立しながらも、生物と文化のかかわりから豊かな生活や社会が維持できることを学んでいくストーリーである。

　第1章では、花見の宴で出会ったジョンとアキが、生態系と文化のどちらが重要かで議論になってしまう。生物多様性と文化多様性のどちらかにこだわるジョンとアキの対立は、まさに私たちの日常である。それならフィールドワークに出かけてはとユアサ先生が提案したところからストーリーははじまる。

　第2章では、生態学からみた生物文化多様性について説明した。日本の里山の管理など、生態系に人がかかわることで人は多くのことを学び、そして文化をつくり出してきた。そして、過去の生態系の利用や保全においても文化が重要な役割を果たしてきたことを示した。続く第3章では、生態系の恵みを最大限に利用するだけでは持続可能な社会は実現できないことを示し、生態系と人が生み出した文化の相互作用、つまり生物文化多様性が社会を豊かにすることを解説した。文化が果たす役割は大きく、また現代社会においても、文化創出における生態系の役割が重要であることを示した。ここまでが本書の概説に相当する。

第4章からは各論に入る。第4章では、里山の草地管理の事例を紹介し、生態系の管理がいかに土着の「在来知<ruby>在来知<rt>ざいらいち</rt></ruby>」をつくり出してきたかを紹介している。さらに、「田舎の文化」と思われてきた在来知が、過疎に悩む農村で新たな価値を見出すことにつながることを解説した。第5章では、経済活動や文化交流で発展し続ける都市の持続可能性を高めるために、生物文化多様性の視点を都市の計画や管理にとり入れることを考察した。現代社会における都市の存在は大きいが、それは依然として生態系とのかかわりを保っている。ここではマクロな視点でみた都市の生態系と文化の関係を描いた。続く第6章では、生物がどのように都市環境を利用し、都市内で生態系を形成しているかを解説し、都市と都市内生態系から生まれるミクロな相互作用としての生物文化多様性について説明した。第7章では、自然体験の場である国立公園やジオパークを、自然を愛でるだけではなく、生態系と文化のかかわりが体験できる場所として紹介した。そして生物文化多様性の視点でそれを活用するしくみを示した。第8章は、観光が生物文化多様性の維持に貢献すると同時に、それをとり入れた観光によって地域がより魅力的になることを解説した。さらに第9章では、生物文化多様性を継続的に推進するための政策の必要性と、そのための組織やプロセスのあり方について、石川県の里山里海保全政策を事例に議論した。最後の第10章では、持続可能な社会の実現のためには、生態系と文化の相互作用、つまり生物文化多様性が重要であることを改めて説明した。

　本書は、生態学、社会学、都市計画学、観光学、環境社会学、造園学など、各分野、計10人の研究テーマを異にする研究者が、それぞれの専門性を超えて5年にわたって議論した結果である。個別の分野での研究歴も長く、業績も多い研究者たちが奏でたシンフォニーである。

　本書は、神が創造した自然と人が生み出した文化、その差異を論じるのではなく、その共創にフォーカスした。本書を手にとることで、生態系と文化という境界を超えた先の、持続可能な社会の地平が見渡せる。

2020年1月

編者代表　敷田麻実

CONTENTS

登場人物の紹介

ジョン

- シンガポールからの留学生
- 早とちりでお調子者
- ゼミのフィールドワークを通して生物文化多様性への理解を深めていく。

アキ

- 日本の大学に通う学生でジョンのお世話係
- 生物多様性に興味があり、生態系と文化のかかわりについても学んでいる。
- 日本文化へのこだわりも強い。

ユアサ先生

- ジョンとアキのゼミの先生
- 生態系と文化の相互関係や多様性を研究している。

第1章

生物文化多様性って
何だろう

初めて目にする「生物文化多様性」という言葉は、生物や文化というモノの多様性ではなく、生物多様性と文化多様性の相互作用を説明しようとしてつくられた新しい言葉である。本章は、シンガポールから来日した留学生のジョンと日本人学生のアキが、花見の宴で、生物と文化それぞれへのこだわりを主張するところからはじまる。言い争う2人にユアサ先生は、どちらがというわけではなく、生物も文化も社会にとって重要な構成要素であり、その相互作用が大切だということを知るフィールドワークを勧める。それでは、生物と人がかかわることで生み出される文化が、どのように生態系の豊かさと社会の豊かさにかかわっているかを2人のフィールドワークを通して見ていこう。

春先に里山に咲くカタクリの花（石川県能美市）

こんにちはー

ところで
なんで木の下で
ご飯食べてるの?

お花見よ。
桜の花を愛でながら
食事を楽しむのよ。

・・・

日本人は変だね～
わざわざ花を見ながら
ご飯食べるって!

3

熱帯のシンガポールじゃ
花が一年中咲いているし
珍しくないからね〜

年中咲いてるだけが
いいわけじゃないわ!

日本には四季があってね
それぞれの季節で花が
咲いては散って
　　それが日本の文化を
　　彩ってるのよ。
　　いろど

春は桜に
スミレ

夏はヒマワリに朝顔

秋は紅葉

冬は椿に山茶花
　　　　さざんか

たとえば「桜色」や「若竹色」

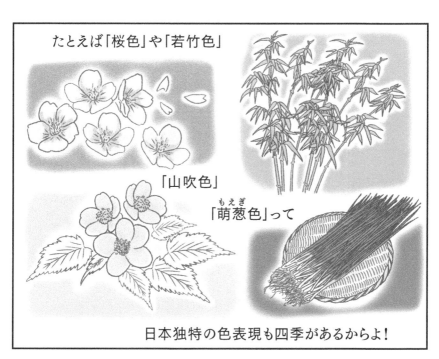

「山吹色」

「萌葱色」って

日本独特の色表現も四季があるからよ！

久方の　光のどけき　春の日に
しづ心なく　花の散るらむ

なに？
それ？

平安時代の
紀友則という
人の歌よ。

5

せっかくの花見だ！
さぁ座って、座って。

さて、
ジョンさんのいっている熱帯生態系、
特に熱帯雨林は非常に重要だ。
世界の生物多様性のホットスポット
だからね。

その重要性が認められて
保全活動も進められているのも
事実だしね。

だけどアキさんのいうように
日本の四季は文化を
育んでいる。

そーよ.

あーまー確かに……

2人とも似たような
話をしてるんだよ。

生物多様性や生態系は
私たちの生活を支え
文化を育んでいるんだ。

このような「生物と文化」の関係は
最近「生物文化多様性」といわれ
はじめている。

文化代表

生物代表

第2章

生態系と生物文化多様性

生物文化多様性は、地域の生物多様性と文化の多様性の単なる総体では
なく、地域の生態系とその恩恵を受けてきた文化の相互作用である。私
たちは、地域の生物多様性を利用して文化を形成しつつ、自然を自分た
ちの生存のために都合よく改変して独自の生物文化多様性をつくり上げ
てきた。日本の里山はそのひとつの例であり、人の関与が加わることで
生物多様性も生産性も向上する事例があることを示す。本章では、地球
環境の危機が叫ばれるなかで、生物文化多様性とその産物である在来知
がもつ現代社会へのメッセージとは何かを考えてみよう。

本州の生物文化多様性の典型例である里山（大阪府能勢）

早春の雑木林

あ！
フクジュソウ！

なに〜
このちっちゃい花

昔はどこにでも
あったのよ。
珍しいわね！

へぇ〜
こんな花がね〜

ウィイィィ〜ン

ウィイィィ〜ン

What!?

珍しい植物あるのに
木を切ってるよ！

ニァ〜

えっと
あの
人たちは…

あ！
にげた！

あは～、

こんにちは
何されてるんですか？

あら、
こんにちは

山のお手入れよ。
ここは、人が手をかけて
今の姿にしてきた里山なの。

フー、

珍しい植物が
生えてんでしょ？
木を切ったりしちゃ
ダメじゃ～ん

オレハ
シッティル

よく知ってるね～
でもほったらかしじゃ
ちゃんと育たないんだよ。

葉っぱが生い茂ると
林のなかが暗くなってね
光合成ができなくて
草が生えなくなるのよ。

2-1 人と生物多様性のかかわり

1. 生物多様性とは何か

　地球上には、それぞれの地域にさまざまな生物が生息している。生物集団のうち「交配可能性」という観点から、互いに交配可能であり、子孫に遺伝子を伝えていくユニットを「種」と呼ぶ。種とは、生物の繁殖集団の別名である。その数は生物の多様性を示す最も基本的な尺度である。ただし、この定義はあくまで観念的なものであり、たとえば単為生殖といってメスだけで子孫をつくったり、栄養繁殖といって細胞分裂だけでクローンとして増え続けたりする生物も存在する。また、地理的に遠く離れた個体群や、化石として残った過去の個体群など、現実的には交配可能かどうかを確かめようもないことも多い。このような場合でも、DNAの配列がほとんど同じである場合には、交配可能かどうかを問わずに、同一種として扱うことが最近では可能となりつつある。

　分類学の祖であるカール・フォン・リンネ以来の生物学者によって、これまで約175万種の生物種が記載されている。うち昆虫が95万種、その他の動物が28万種、維管束植物[i]が27万種などである。しかし、これは大幅な過小評価で、熱帯雨林の樹上に棲む昆虫や深海底に棲む無脊椎動物には「未発見の生物」が多く、それぞれ数千万種に及ぶ可能性があると指摘されている[1]。これらの生物種は、40億年に及ぶ進化の歴史のなかで独自の「かたち」と「くらし」を備えたものとして、多様な環境に適応してきた。

　それぞれの生物は進化の過程で、地球上のどこかに起源をもち、その分布が拡大していくなかで変化し続ける。その過程では、地理的な障壁、つ

---

i) 維管束とは、水と養分を運び、植物体を支持する組織。維管束植物とは、維管束をもつ被子植物、裸子植物、シダ植物のこと。かつては植物のなかに菌類や褐藻類、微生物などが含まれていたが、今では維管束植物と蘚苔類（コケの仲間）を含んだ陸上植物、あるいはそれと共通要素であるクロロフィルa/bをもつ緑藻を加えたものを植物と呼ぶことが多い。

16

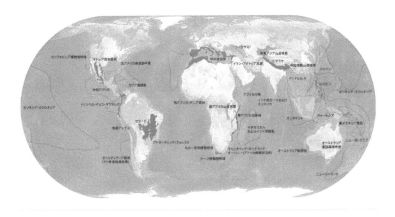

図2-1
生物多様性ホットスポット〔コンサベーション・インターナショナル作成〕

まり海や山脈、乾燥地、氷原などの移動の障壁があるため、必ずしも地球上の生息できる場所のすべてに広がっているわけでない。そのため、生息環境の特性と地史的な要因の双方によって、それぞれの地域に固有の在来生物相[ii]、つまりそれぞれの地域がもつ生物種の組み合わせができあがる。

　国際的なNPOであるコンサベーション・インターナショナルが、地球規模での生物多様性再評価を実施した結果、緊急かつ戦略的に保全すべき地域として、世界36か所の「生物多様性ホットスポット」を見出した（**図2-1**）。ホットスポットは地球の地表面積のわずか2.3％であるが、すべての維管束植物の50％と陸上脊椎動物の42％がそこに集中している[2]。日本列島も2004年に発表された生物多様性ホットスポットのひとつとなっている。

　生物多様性では、種多様性が基本である。しかし、一般にはいくつかの階層があるとされ、遺伝的多様性（同種内における遺伝子の多様性）、種多様性（ある生態系における種の多様性）、生態系多様性（さまざまな環境に対して存在する生態系の多様性）が知られている（**図2-2**）。

　地球上で生物多様性が重要であるとされるのは、常に変化する環境下で

---

ii) 生物相とは、その地域にある生物種の組み合わせ。古典的には、植物相（フロラflora、ここでは菌類や微生物を含むこともある）と動物相（ファウナfauna）を合わせたもの。

遺伝子の多様性
同じ生き物の集団のなかにも、遺伝子によるちがいがあること（形、模様、生態など）

種の多様性
さまざまな種（いろいろな生き物）が生息・生育していること（動物、植物、菌類など）

生態系の多様性
さまざまなタイプの自然環境があること（森林、草原、川、池、沼など）

図2-2　生物多様性の3つの階層

は特性が違う生物が多く存在したほうが、どれかが生き残る可能性が高いからである。遺伝的に均一な種は大きな環境の変化で全滅する可能性があるが、さまざまな遺伝的な性質をもっている種なら、そのうちのどれかは新しい環境下でも生きていけるかもしれない。同様に、多様な種が存在していれば、そのうちのいくつかは大きな環境変動があっても生き残れるかもしれない。生態系も質的に異なるものがいくつもあれば、ある生態系は失われても別の生態系が維持できれば、全体としては壊滅的な崩壊にはならないかもしれない。このように高い生物多様性は、システムのレジリエンス[iii]、つまり変化に対する強靱性あるいは回復力を決める因子として重要であると考えられている。

　現代のグローバル化によって、ヒト・モノ・サービスの国境や大陸を越えた移動が加速され、これまでの生物分布の障壁は人の活動の介在によって軽々と超えられるようになった。後述するように、さまざまな侵略的外来種の問題は、毎日のようにニュースになって報じられている。たとえば島のような場所では、地理的な障壁のために強力な捕食者がいなかったので、マングースやノネコなどの小型肉食獣の侵入は在来種の大きな脅威と

---

iii）レジリエンスとは、英語のresilienceを日本語化した言葉で、分野によって弾性、回復力、強靱性などと訳される。生態学では、大きな撹乱から復元する生態系の能力、心理学では危機やストレスに対応できる個人の能力、工学では力を受けた場合にエネルギーを吸収し、力がかからなくなった状態でエネルギーを放出する物質の能力などと規定される。現代では、環境リスクや災害リスクに適応する潜在能力のように使われることが多くなっている。

なる。また、競争力に優れ、天敵のいない外来種の場合は、新天地で瞬く間に在来種を追い出して繁茂する植物もある。しかし、主要な栽培植物や家畜は、ほとんどすべて外来生物といってよい。また、多くの外来種は新しい場所に渡来はしたものの、いつの間にか絶えてしまったり、ひっそりと少数が世代を重ねたりしているにすぎない。注意しなければならないのは、すべての外来生物が侵略的であるわけではないということだ。日本列島には、恐らく稲作渡来以前から人間によって意識的・無意識的に持ち込まれ、すでに在来種と一体となって生態系をつくり上げている外来種も多い。

2. 生物多様性と文化の類似性

　ほかの生物と違い、ヒトという種は、赤道直下の熱帯から寒冷な北極圏まで、さらには極端な乾燥地域にまで、単独の種として生存している特異な存在である。さまざまな環境下でも「ヒトのからだ」はそれほど大きな変化を遂げなかったが、それぞれの地域に適応した「くらし」、すなわち衣食住や暮らしの知恵、環境の認識方法などは著しく分化した。これには環境の重要な構成要素である地域の生態系も大きくかかわっている。そこから生まれたのが本書で注目する文化である。ユネスコの「文化的多様性に関する世界宣言」によると、文化とは特定の社会または社会集団に特有の精神的、物質的、知的、感情的特徴を合わせたものであり、芸術・文学だけではなく、生活様式、共生の方法、価値観、伝統および信仰も含む。
　また、生業と集住の形態も農村から都市に至るまでの間で多様な文化の姿を生み出してきた。文化の多様性を示す基本的な尺度を設定するのは困難であるが、個々の文化を定義づける必須要素である言語の多様性、すなわち言語の数はひとつの尺度と考えられる[3]。観念的には「相互理解性」があれば、ひとつの言語ユニットとして考えられる。ただし、どれを方言とし、どこまでをひとつの言語と捉えるのかは、国や話者のアイデンティティなどの言語そのもの以外の条件で決まることが多い。
　生物多様性の豊かな地域に、多様な文化が成立するかどうかは議論のあるところである。ただ世界的なスケールで見て、高い生物多様性がある地

域と高い言語多様性がある地域は大きく重複している。特に、アマゾン川流域、中央アフリカ、インドネシア〜メラネシアが生物多様性も言語多様性も著しく高い場所である。しかし、その直接の因果関係は不明である。梅棹は『文明の生態史観』で、日本と西ヨーロッパの共通性を挙げて、その要因を論じている[4]。すなわち、中国、インド、地中海・イスラム、ロシアは暴力などによってしばしば大きな打撃を受けるのに対して、日本や西ヨーロッパは暴力の源泉から遠く、破壊から守られているとしている。ユーラシア大陸の中心部は極めて競争的な世界で、巨大帝国ができたり、一民族が支配したりするが、周辺部では強い競争から免れて生き残る文化や民族がある。このことは、巨大帝国や一民族の支配から免れた文明の周辺地帯で多様な文化が維持されることを意味する。

　一方で、植物の種多様性は、一年中安定な高温と季節変動の小さい降水量によって赤道付近の低地である熱帯雨林に極大をもち、緯度が高くなるにつれて、あるいは標高が高くなるにつれて、さらに降水量の季節変動が大きくなるにつれて減少していく。人口密度を支える条件のひとつである植物の純生産量の高い地域の言語多様性は、それぞれの地域の生物相やその利用に対応して盛んに言語が分化したために生まれる。その後、いわゆる文明の中心から離れたところに残ってきた可能性が高いとすれば、熱帯雨林はその典型例である。このことから、植物の種多様性と言語多様性が熱帯雨林で高いことは説明できる[5]。

　ところで、生物多様性は高ければ高いほど、無条件に有益性が増すのだろうか。人の生活のうち、農業と医療という根幹にかかわる部分は、生物多様性を人為的に低下させることで営まれている。作物という選ばれた生物種のみを残して、生物多様性を抑えることで生産性を上げてきた農業は「雑草」と「害虫」、そして「害獣」との闘いである。また、作物や家畜の遺伝的多様性の重要性は認識されているが、一部の「優良品種」が在来品種を席巻する状況が続いている。医療、特に公衆衛生の世界では、病気の原因となる病原体（となる生物）を根絶し、それを媒介する生物も撲滅することが至上命題とされる。

　これに関しては、人が生態系から得るメリットが関係する。国際連合の提唱により、2001年から2005年にかけて「ミレニアムエコシステム評

価」と呼ばれる、地球規模での生態系のアセスメントが実施された[6]。ここでは生態系の変化だけではなく、人が生態系から受けている恩恵を「生態系サービス」として評価する試みが、初めて地球規模で行われた。また、過去50年にわたる生態系および生態系サービスの変化と、変化の直接要因および間接要因も同時に検討された。この生態系サービスは、①供給サービス（生態系が生産する財）、②調整サービス（生態系プロセスの制御により得られる利益）、③文化サービス（生態系から得られる非物質的利益）、④基盤サービス（①から③の生態系サービスがうまく機能するよう生態系を維持するためのサービス）に整理された（**図2-3**）。それぞれの生態系サービスとその生態系を構成する種多様性の関係を調べると、食料、水、燃料、繊維、化学物質、気候の制御、洪水の制御などは、むしろ関与

供給サービス	調整サービス	文化サービス
生態系が生産する財	生態系プロセスの制御により得られる利益	生態系から得られる非物質的利益
食糧	気候の制御	精神性
水	病気の制御	リクリエーション
燃料	洪水の制御	美的な利益
繊維	無毒化	発想
化学物質	持続性の維持	教育
遺伝資源		共同体としての利益
		象徴性

基盤サービス

他の生態系サービスをうまく機能するよう
生態系を維持するためのサービス

土壌形成
栄養塩循環
一次生産

図2-3　生態系サービスと生物多様性
桃色の部分は、少なくとも短期的には高い生物多様性と高い生態系サービスとが矛盾する。緑色の部分は、ある程度、生物多様性を考慮したほうが高い生態系サービスが享受できる。赤色の部分は、高い生態系サービスと高い生物多様性がほぼ相関する。

する生物種数が少なく、特定の性質が卓越した少数の生物種によって生態系が構成されていたほうが、短期的な視野で見ると、機能的あるいは効率的である場合のほうが多かった。しかし、大規模な環境変動を考慮に入れると、少数の種だけで生態系を構成することのリスクが浮かび上がる。

　生態系サービスという概念には、生態系サービスの経済的評価、つまり貨幣換算の考えが含まれている。日本でも、水田や森林の多面的機能について生態系サービスの経済的評価がなされてきた。これは漠然と「自然の価値」と呼んできたものをより具体的に貨幣換算する試みであったが、その際に「生態系サービス支払い」という考えも付随していることを見逃してはならない。「日本では水（と安全）はタダだ」といわれていた、生態系サービスを支払いなしで享受できた時代は終わり、それ相応の支払いをする時代になっているという主張である。生態系サービスを供給している生態系の保全や回復に、資金を出すための根拠を算定したわけである。

　環境省は「新・生物多様性国家戦略」（2002年）のなかで、日本の生物多様性が直面している危機として「3つの危機」を挙げている。「第1の危機」は開発や乱獲による生物種の絶滅や脆弱な生態系への悪影響、「第2の危機」は農山村での人の活動の縮小と生活スタイルの変化に伴う耕作放棄地の拡大や里山生態系の崩壊、「第3の危機」は外来種による在来生態系の変容である。「第1の危機」は過剰利用（オーバーユース）に起因する従来型の自然破壊であるが、「第2の危機」は地域の資源が使われなくなった過少利用（アンダーユース）による新しいタイプの危機である。「第三次生物多様性国家戦略」（2007年）になって、新たに加わったのが「第4の危機」である。それは気候変動や海水酸性化など、地球規模の環境問題である。また、生物多様性の危機を生態系サービスの危機と関連づける思考も広がってきた。

　このようにグローバル化した現在、生物多様性の問題も変わってきている。すでに身のまわりの自然から外来生物をすべて排除するには莫大な労力と資金を必要とし、現実的ではない。そのため、農地や牧地がすでにそうであるように、人の生活空間は、適切な生態系サービスを得られるような在来種と外来種から構成される「新しい生態系」[7]として考える必要が生まれてきている。しかし、そういう現実だからこそ、貴重な固有種や希

写真2-1　奄美大島の希少種
アマミノクロウサギ（左上）、イシカワガエル（右上）、リュウキュウコノハズク（左下）、
オットンガエル（右下）

少種の保全が必要な自然、たとえば沖縄島北部や奄美大島、長野県霧ヶ峰
などでは、労力と資金を投入することで、遺伝子貯蔵庫として、また次節
で述べる生物文化多様性をベースにした地域資源として、在来種による生
態系の維持が課題となっている（**写真2-1**）。

生態学からみた生物文化多様性

1. 生物相と文化の相互作用である生物文化多様性

　文化は在来の生物相を重要な構成要素とする地域の生態系に即してかた
ちづくられてきた一方で、人の生活空間における生物相には、人が持ち込
んだ栽培植物や家畜などをはじめ、文化がつくり上げてきた要素が含まれ

る。人の文化と生態系は相互に密接に影響を及ぼし合って変化してきた。このような相互作用の結果を「生物文化多様性」と呼ぶ。すなわち、生物文化多様性は単に「地域の生物多様性と文化の多様性」を略したものではなく、「ある土地の生物多様性とその恩恵を受けてきた地域住民の土着の文化のもつ行動様式によって生物多様性が維持されてきた相互作用」[8]である。

　この生態系と文化を包含した考え方が公的に初めて示されたのは、1988年のブラジル・ベレンで開催された国際民族植物学会議で採択されたベレン宣言であり、そのなかで生物文化多様性（Biocultural diversity）という言葉が誕生した。その後、2010年にモントリオールで開催された「生物文化多様性に関する国際会議」では、主に先住民の生物資源に関する知的財産権を強調した生物文化多様性についての作業文書が提出された。

　そもそも、人は文化によって環境に強く束縛されない特性を得たからこそ、気候帯の異なるすべての地上に分布を広げることが可能となった。人は単に資源管理を行っているだけではなく、積極的に生態系を改変して生態系サービスを引き出す「生態系改変者[iv]」として、生態系に大きな作用を及ぼしてきた。初期人類から数えると、人の歴史の99.5%は狩猟採集の時代であった。人が生態系改変者として他の動物とは桁違いの大きなインパクトを生態系に与えたのは、農業を発明してからであるが、狩猟採集時代においても、ある種の生態系改変を行ってきたことは間違いない[9]。

　狩猟採集を生業とする時代では、生態系サービスにほぼ完全に依存するために、人口は自然生態系の生産力によって決まる。狩猟採集民の人口密度は、中央アフリカのピグミーで0.06〜0.36人/km^2、カラハリ砂漠のサンで0.053〜0.058人/km^{2}と報告されている。貯蔵できるドングリ類とサケに依存しているアメリカ西海岸の先住民や東北日本の縄文時代人で推定されている最大値でおよそ1〜2人/km^{2}であり、狩猟採集民では最も高い人口密度であろう[10]。狩猟採集時代は、木の実、山菜、獣、きのこ

---

iv）生態系改変者とは生態学の用語で、造礁サンゴのように、あるいは土壌を変化させるミミズのように、生息する環境を大きく改変し、他の生物に大きな影響を与える生物種のことである。

写真2-2　今でも薪炭に利用される東北の里山（岩手県岩泉町）

などの食料を生産し、道具や燃料を供給するという生態系サービスに人は
全面的に依存してきた。しかし、北東北の縄文遺跡における環境復元から、
森林の自然な撹乱と更新では考えにくいクリやウルシの林が卓越する場所
があり、「縄文里山」と呼べるような自然の大きな改変があったと考える
研究者が増えている（**写真2-2**）。クリは種実を食用に用いるだけではな
く、材を建築に用いた。実際に、北東北の三内丸山遺跡（青森県）や
御所野遺跡（岩手県）で発掘された柱などの建材のほとんどがクリである
ことが知られている[11]。

　狩猟採集民であるオーストラリアのアボリジニの野焼きは、草食獣の個
体数を増やすのに有用な技術である。燃料となる枯れ葉や枯れ枝が大量に
蓄積される前にこまめに燃やすことで乾燥林の大規模な火災を避け、林床
の光環境を改善して草食獣の餌である植物の成長を促進している。第4章
でも述べるように、日本全国各地に点在する半自然草原と黒ボク土のいく
つかは、植物珪酸体分析と年代測定によって、農業がはじまる以前の過去
1万年以前まで起源をさかのぼることができる（**写真2-3**）。しかし、人
が日本列島にほとんど足跡を残していない時代には決してさかのぼらない。

　約1万年前に農耕を開始してから、人は飛躍的に自然を改変することが
できるようになった。地球上で多様性中心と呼ばれる6～8か所の地域

写真2-3 日本列島の半自然草原（島根県隠岐西之島）

（冬雨型気候の地中海地域、アフリカのサハラ砂漠南縁の半乾燥地、イン
ド亜大陸のサバンナ地帯、東南アジアの湿潤高温の地域、東アジア温帯域
の照葉樹林帯、中央アメリカの亜高原および南米アンデス高原）で、栽培
植物の原種から農作物として栽培に移された。それぞれの地域では、さら
に動物の飼育や漁労を伴って、農耕文化を形成することになった。アジ
ア・グリーンベルトでは、特に水田耕作を主として用水路や溜池などの施
設を含んだ大規模な環境改変が行われ、かつては水田漁労や水田狩猟も行
われていた。環境に強く束縛されないとはいうものの、地域の気候風土に
合った資源利用と資源開発を行ってきたわけである。

2. 生物文化多様性としての里山

　冒頭のマンガにあるように、日本の原郷ともいうべき自然に里山がある。
田端によれば、里山とは、昔から薪や柴をとったり、炭を焼いたり、落葉
をかいて肥料にしたり、山菜をとったりというように、さまざまなかたち
で人間がくり返して利用してきた自然のことである[12]。里山の生物として
思い浮かべるのは、春の七草あるいは秋の七草に代表される植物、水辺の
ホタルや雑木林のカブトムシなどの昆虫、メダカやフナのような淡水魚、

あるいはキジやオオタカのような鳥類である。このような生物のなかには、もっぱら人里や里山に生息するものが多い。この人里や里山にほぼ限定されて見られる生物を「里山生物」と呼んでおく。栽培植物やそれに随伴する雑草、あるいは明治以降に広がった外来生物のようなものもあるが、里山生物の多くは、人が日本列島に渡来してくる以前から存在していたと考えられる。たとえば、メダカは日本列島におよそ10の系統があることがDNAの解析から明らかになっているが、これは人間活動の影響を受ける以前から存在する地域差と見られる。では、里山生物は人がいなかった頃の日本列島で、どのような環境に生息していたのであろうか。

　現在、里山生物の代表的な生息地は、雑木林、草地、止水域である。雑木林では、特に関東から西南日本の照葉樹林（常緑広葉樹林）が極相林ᵛ⁾となる地域で、薪炭利用のためにクヌギやコナラなどの落葉広葉樹林に転換されてきた場所が里山生物の住処となっている。照葉樹林は1年を通じて林床が暗いために、光を必要とする植物は棲みにくい環境である。

　雑木林では春先に林床が明るいので、照葉樹林にはいないカタクリやフクジュソウなどのスプリング・エフェメラル（春植物）と、それに関連した昆虫などが生息する。これらの本来の生息地は、極相林としての落葉広葉樹林であろう。冒頭のマンガに述べられているとおり、この明るい雑木林は人が薪や柴をとったり、炭を焼いたりしてくり返して利用することによって形成され、また維持されてきたものである。このため、人の関与がなくなると、すみやかに遷移が進み、本来の照葉樹林に戻ってしまう。

　草地には、野焼きによって維持されている大規模な草地と、水田や畑地の畔などの小規模な草地がある。第4章に詳しくあるように、『万葉集』に出てくる秋の七草はいずれも草地性であり、万葉集の時代は半自然草地が広がっていたことが想像できる。ヒゴタイはキク科の植物であるが、草原が長期にわたって維持されてきた場所にだけ特異的に分布する（**写真2-4**）。また、ホンシュウハイイロマルハナバチや草地性のマメ科植物のクララを食草とするオオルリシジミのような昆虫、草地で採餌するセッカ

ᵛ⁾ 森林は遷移によって、初期のパイオニア種と呼ばれる強い光のもとで早く成長する樹種から、次第に競争力が強く、寿命の長い樹種へ置き換わって安定した状態になる。その状態になった森林を極相林と呼び、主には気候、細かくは地形や地質などによって構成される樹種が異なる。

写真2-4
草原が人の手で維持されてきた生き証人であるヒゴタイ
（熊本県阿蘇地域）

やヒバリなどの鳥類も草地性といえる。これらの草地も野焼きがなくなると、遷移によって森林になってしまい、これらの草地性の生物の住処ではなくなる。

　水田や畑地の畔（あぜ）などは小面積であるが、水分環境や光環境が多様なため、さまざまな草地性の植物が生息できる環境である。これら草地性生物の本来の生息地は、氷期の寒冷乾燥した気候帯であり、それ以外では海岸や大きな川の氾濫原（はんらんげん）、高山、蛇紋岩（じゃもんがん）や石灰岩などの特殊岩石地帯などである。

　流れのない、あるいはとても緩やかな流れの水域のことを止水域、またそのような場所に生息する性質を「止水性」と呼ぶ。メダカやフナ類、あるいはゲンゴロウ類など、現在は水田やため池に依存している止水性の水生生物の大部分は、湿地に生じる沼や河川の氾濫原にできる三日月湖などの止水域が、本来の生育場所であったと考えるのが自然であろう。これら本来の生息地は、水田開発の適地としてかなり以前に姿を消したが、その代わりに水田などの人工水系に棲むようになった。

　生物文化多様性のもつ実用的な価値は、多様な自然環境への適応と多様な天然資源の持続的管理である。多くの先住民あるいは伝統的な農村の人々は、自分たちの生活にかかわりのある数百種に及ぶ植物や魚の名称を把握し、生息環境や行動、繁殖生態について熟知している。これらの知識の多くは、数百年あるいは数千年にもわたる彼らの自然とのかかわりのなかで蓄積されたものであり、言語による口承で代々伝えられてきたものである。その知識のなかには、多様な自然資源に関して収穫の制限あるいは特定の生物種や発達段階の保護、さらには生息地、なかでも繁殖に必須な場所の保全などに関するタブーを含む「在来知」が含まれていた。生物文化多様性には、結果として実在する景観や生物だけではなく、それをかたちづくり、維持してきた在来知も含まれる。

　在来知は伝統的知識とも呼ばれるもので、それぞれの地域の生態系や社会環境に応じた知識と技術の凝縮であり、科学知あるいは科学的知識と対照となる概念である。在来知にはそれぞれの地域の生活や文化、言語に根ざし、環境や生物とその利用にかかわる知識が含まれる。科学知は分析的であり、実験的な手法で厳密な検証がなされたものである一方、個別化あるいは細分化されている。それに対して、在来知は必ずしも厳密に検証されたものばかりではないが、長年の経験に基づいた総合的かつ全体的なものである。科学知が因果関係をもとにして普遍的な論理を重要視するのに比べて、在来知はあくまで経験則に基づいて局所的な現象や事実に即した実用性を重んじるのも大きなちがいである。

　生物多様性条約のなかでは、先住民とその在来知について特に言及されている。在来知が生物多様性の持続的利用に果たしうる役割の大きさが認識され、生物多様性の保全のためにも在来知を積極的に維持し、広く活用することと、そのとりくみに在来知の担い手である先住民が参加することが求められている。第4章に詳述されるような草原を維持する在来知は、その典型的なものである。

　現代社会では、生物多様性も文化多様性も共通の原因で喪失が起きてい

る。文化の均質化と単純化を推し進めているものと同じ力、たとえば農業の近代化やグローバルな市場が、生物相の均質化と単純化を進めている。この半世紀、地域の生物資源で衣食住とエネルギーの大半を賄ってきた生活が世界各地で消え、その代わりに低廉なエネルギーを使って、地域の気候風土とは必ずしも調和しない生活を受け入れてきた。蒸し暑い日本の夏に背広とネクタイを着用する生活や、北極圏で100%輸入に頼るコムギと牛肉を使ったハンバーガーを常食する食事、熱帯域や亜熱帯域でわざわざ気密性の高い建物に住んで冷房を効かす住居は、そのわかりやすい例といえる。

　もちろん、グローバル化によって豊かで便利な生活が普及し、飢饉や災害時には即座に海外からの援助を得ることができ、多くの人々が最新の医学や薬学の恩恵を受けられるようになった。しかし、それはエネルギーを際限なく消費し、温室効果ガスを大量に排出する生活でもある。それにも増して、グローバル化によって世界中を巻き込んだダンピング競争が進んでいくことで、地場産業がどんどんつぶれていき、地域資源が使われなくなり、地域間・地域内の経済格差が広がっていく。このような経済原理に沿った私たちの行動そのものが、地球温暖化や生物多様性の喪失などの地球環境問題を産み、経済発展がもたらす利益の公平な享受を妨げ続けている。究極的には、地域の生態系との相互作用によって発展してきた在来知の喪失こそが、地球環境問題と南北問題の根本的な原因といえるかもしれない。

　生物文化多様性を発展的に継承することは、決して「過去へ帰れ」というノスタルジックなものではない。多様な自然や風土のなかで長年培われてきた資源の枯渇を招かず、さまざまな生態系サービスを持続的に利用してきた知恵を活かすことで環境負荷を抑えた、しかも豊かな生活を推進するという極めて現代的な課題の解決につながっていく（**写真2-5**）。

　IPBES（生物多様性及び生態系サービスに関する政府間科学－政策プラットフォーム）の報告書は、現在1日に約100種の生物が絶滅しており、その速度は100年前の数万倍であると科学的根拠をもって国際社会に警告した。また、IPBESでは、生態系サービス概念の検討と発展を踏まえて、自然が人にもたらす恩恵の面だけではなく、災厄の面もバランスよく考え

写真2-5
地域の風土を活かした八重山諸島の住宅（沖縄県竹富島）

なくてはならないことから、これからは「生態系サービス」ではなく「自然のもたらすもの（Nature's contributions to people : NCP）」という概念に移行することが確認されている。

　かつて自然保護区は人の干渉を避けて「囲い込んで」守る必要があるとされてきた。その結果、もともと人の関与で維持されてきた二次的自然では植生遷移が進み、保護されるべき動植物の生存が脅かされたり、伝統的な自然の利用や管理手法が廃れたりする「第2の危機」が世界的に進行している。生物文化多様性の喪失で在来知が失われることで、生物の大絶滅を加速する可能性がある。

参考文献

1）湯本貴和（2003）「生物種は地球上に、どれくらいいるのか、どこにたくさんいるのか」西田利貞・佐藤矩行編『新しい教養のすすめ　生物学』昭和堂, pp.25-42.

2）Mittermeier, R. A. et al.（2005）*Hotspots Revisited*, The University of Chicago Press, 392p.

3）宮岡伯人（2002）「消滅の危機に瀕した言語－崩れゆく言語と文化のエコシステム」宮岡伯人・崎山理編／渡辺己・笹間史子監訳『消滅の危機に瀕した世界の言語』明石書店, pp.8-53.

4）梅棹忠夫（1967）『文明の生態史観』中央公論社, 258p.

5) Loh, J. and Harmon, D.(2005)A Global Index of Biocultural Diversity, *Ecological Indicators*, 5(3), pp.231-241.

6) Millennium Ecosystem Assessment編／横浜国立大学21世紀COE翻訳委員会責任訳『生態系サービスと人類の未来－国連ミレニアムエコシステム評価』オーム社, 241p.

7) Hobbs, R. J., Higgs, E. S. and Hall, C.(2013)*Novel Ecosystems: Intervening in the New Ecological World Order*, Wiley-Blackwell, 380p.

8) Ankei, Y.(2002)Community-based Conservation of Biocultural Diversity and the Role of Researchers: Examples from Iriomote and Yaku Island, Japan and Kakamega Forest, West Kenya. Yamaguchi Prefectural University, *Bulletin of the Graduate Schools* 3: pp.13-23.

9) 湯本貴和(2014)「人類と環境のかかわり」日本生態学会編『生態学と社会科学の接点』共立出版, pp.117-134.

10) 湯本(2014)前掲論文

11) 能城修一・鈴木三男(2006)「青森県三内丸山遺跡とその周辺における縄文時代前期の森林利用」『植生史研究特別』2, pp.83-100.

12) 田端英雄編(1997)『里山の自然』保育社, 199p.

第 3 章

生物文化多様性と現代社会
ー生態系と文化の相互作用

現代文明は、生態系を利用すべき資源とみなし、その産出量を最大化するモデルを追求してきた。しかし、効率だけを追求する社会は持続可能とはいえない。この流れを変えるための量から質への転換は、資源とかかわることで生み出される文化の働きに着目することである。文化は生態系と人のかかわりから生み出され、生み出された文化どうしの相互作用から、さらに多様な文化が派生する。だからこそ、生態系や文化の豊かさ、その相互関係を示す「生物文化多様性」が重要な指標となる。生態系と人が生み出した文化の相互作用で維持できる社会こそ、SDGsがめざす持続可能な社会である。

千枚田の景観を楽しむ観光客（石川県輪島市）

関係ないって何よ！
私はそう感じてるのよ！

フンッ！

ちょっと
ジョン！

このイベントは自然への
関心を高める役割を
もってるって感じたの。

自然が豊かだと、いろいろな
芸術表現のヒントがあるのよ。

そんなこといったって、
描いてあるのは実際の
動物と全然違うし〜

これって
ヘタウマっていうの？

私がここで感じたことを
デフォルメした表現よ！

なに！アンタ！
ケンカうっ、てんの？！

生物がいることに
価値があるのに～
勝手に変えたら
ダメだよ～

ボク、
この絵好きだけど

あら～
子どものほうが
感性豊かよね～

ジョンさん、
思い込みと否定から
入るのはよくないかな。

あ・・・

人類は先史時代から動物や植物を
ずっとデフォルメしてたんだよ。
有名なラスコー洞窟もそうなんだ。

生態系の利用の限界

　都市生活の1日はスマートフォンのチェックではじまる。電車や自動車で長い距離を移動して職場に向かい、加工された弁当をコンビニで購入して昼食をすます。収入さえあれば何不自由なく消費生活を楽しめ、自分の生存や生活を支えているはずの資源のことを気にかける必要はない。都市ではおいしい食事や華やかなファッションを楽しむことができ、インターネットを通して多様な「つながり」も維持できる。世界人口の約5割、国内では約90％が都市に住む現在、都市は現代社会の繁栄の象徴である。このように、人類は豊かな社会の実現のために生産性の向上を追求し、大量生産システムによって物質的な豊かさを実現した。生態系の産物を安価に原料として利用できたからだ。

　しかし、物質的供給も限界に近づいている。日常生活で何気なく使って廃棄するプラスチックの生産量は、世界で年間およそ3億8,000万トンである。その一方で、約3億トンが毎年ゴミとして廃棄されている。天然資源である石油からつくり出されるプラスチックがなければ、現代の日常生活は成り立たない。その石油は生物の遺骸で形成された化石燃料であり、人がつくったものではない。それを無造作に利用してきた現代社会は、石油の枯渇だけではなく、廃棄物の増加によっても再考を迫られている。

　エネルギー革命によって豊かな現代社会を実現できたのは、化石燃料だけのおかげではなく、第2章で解説した生態系サービス、木材などの自然からの恵みも豊かだったからだ。毎日の暮らしでは気がつかないが、ほとんどの物質は生態系から生み出されてきた。私たちの社会は、生態系の産物を用いて生活を豊かにしてきたのだ。ところが、プラスチック廃棄物のように、生活を豊かにするための生産物によって、社会の持続が危うくなっている（**写真3-1**）。

　確かに、私たちの生活は豊かになった。生態系サービスを十分に享受し、

抗生物質や衛生状態の改善で人口が増えた。そればかりか、恵みを過剰に摂取できるようになり、いまや72億人の世界人口のうち、1億人の子どもと6億人の大人が肥満だと推定されている[1]。それを現代社会の矛盾と捉えるのか、行き過ぎと考えるのかは別として、私たちは飢餓から解き放たれ「豊かな社会」をつくり出してきた。

2. 生態系の利用と地域文化の関係

　豊かな文明社会の実現のために、生態系の利用は拡大し続けた。森林や海洋生態系は、紙や材木の原料としての樹木、食料としての魚介類など、さまざまなものを生み出す生態系サービスの源泉である。自ら再生産する生態系は「無限の資源供給源」と勘違いされ、収奪の対象になってきた。土地や森林は専有できても、魚介類や野生生物などは無主物とされることが多く、他に先んじて可能な限り開発してしまうことが開発者の利益につながった。

　しかし、再生産する生態系の利用にも限界はある。たとえば、熱帯雨林の森林伐採による破壊は早くから指摘されてきた。東南アジアの島嶼部では、過去15年間に熱帯雨林が毎年1％の割合で減少しており、その主た

る理由は農園開発である[2]。第1章のマンガでジョンが指摘していたヤシ油は、現代社会の豊かさを象徴するチョコレートやファストフード生産になくてはならない油脂である。経済発展と現代文明によってヤシ油市場が年々拡大し、農園開発の拡大につながった。しかし、利益を得る外部の開発者に加え、伐採と開発によって地域住民も利益や雇用が得られるので、熱帯雨林はアブラヤシ林に変貌する。熱帯雨林の減少や劣化が生態系破壊や生物多様性の低下、そして温暖化の促進につながっても、熱帯林開発は経済発展や生活の文明化のための「優れた選択肢」になっている（**写真3-2**）。

　一方、ヤシ油の安定供給は、安価なファストフードなどの食品の大量生産を可能にし、消費地の食文化にも影響を与えている。地域の食材を用いて生産されてきた伝統食品や地域固有の食品は価格面での魅力を失い、消失し続けている。そして多様な食文化が失われ、多様性の低い加工食品が食卓を席巻した。それがまた新たな需要を生み、途上国の熱帯雨林を伐採して農園の開発を促進する。このように、消費地の文化多様性は、食材を生産する農村や途上国の生物多様性にも影響を与えている。文化が多様で、多様な選択ができることは現代社会にとっての豊かさだが、文化多様性は単独で存在するのではない。生物多様性と社会の文化多様性の維持は相互に影響し合う。一方の多様性だけを守ることはできない。

写真3-2　マレーシアの森林を伐採し広がるアブラヤシ林

ただし、アブラヤシのような生産性を向上させる外来種、特に収入が増加する栽培品種は、地域の農業者にとって福音をもたらす。そのため、品種改良などの農業技術の高度化にはじまり、抗生物質による家畜の成長促進、ついにはゲノム編集に人類はたどり着いた。技術的に種の特性を自由に改変できるようになると、生物多様性はコントロールできるという錯覚さえ生まれる。まるで、自然が本来もっている多様性について議論する必要がなくなったかのようである。

　ある地域にさまざまな外来種が持ち込まれ、多様な品種が栽培されれば、一見多様性が向上したかに思える（α多様性の向上）。しかし、どの国や地域も同じ努力をするので、広域で考えれば多様性は低下する（β多様性の低下）。以前から地域で栽培され、地域文化を背景に消費されていた品種が、生態系サービスとしての供給サービスが見劣りするというだけで無視されれば、地域の生態系や文化の多様性は低下する。

3. 過剰利用への対応

　生物や文化の多様性を無視し、供給サービスを拡大するだけの発展や人類の繁栄が持続可能ではないことは、早くから指摘されてきた。1972年にローマクラブ[i]が世界に向けて『成長の限界』で警告を発した。それでも豊かさを求める開発は続き、1987年には国連の「環境と開発に関する世界委員会」が開発による経済発展の限界を危惧し、その代案としての「持続可能な開発」の概念を示した。しかし、その後も経済成長こそが豊かな社会の実現とする世界的傾向は変わらず、中国やブラジル、インドなどの新興経済圏の発展によって、さらに環境負荷は高まっていた。

　もちろん、環境と開発に関する世界委員会の提案以降、持続可能性は世界的に考慮されてきた。持続可能性に関する研究論文は1980年代以降、8.3年で2倍になるほど増加し、今では毎年2万本以上の論文が発表され

---

i) タイプライターで有名なイタリアのオリベッティ社のベッチェイの主導のもとで1970年に設立された科学者や経営者などがメンバーのシンクタンクである。ローマで最初の準備会合を開催したためローマクラブと命名された。天然資源枯渇、環境問題、人口増加などに対する提言を目的として設立。

ている[3]。国内でも鶴見らが「内発的発展論」を提示し[4]、とめどない外来型開発を批判してきた。2010年代以降は「定常型社会」の提案も行われた[5]。さらに、環境負荷が少ない物質の使用や技術開発、ICTによる利用の最適化も行われている。しかし、世界経済の拡大のなかでは対策が追いついていない。石油や石炭、金属類など、限りある資源の過剰な消費も深刻で、廃棄物の増加のほか、獲得競争や資源価格の上昇につながっている。経済発展によって豊かな社会や生活の実現をめざしていたが、その結果が「経済成長の代価」[6]であった。

　開発による自然環境の過剰利用に対して、従来曖昧なままだった「自然の恵み」を貨幣価値に換算する仮想市場法などの「環境の経済評価」が、1990年代に議論されはじめた。第2章で述べたように、2000年代以降は生態系から生じる便益を「サービス」として捉える「生態系サービス」の概念が提示された。恵みをサービスと考えることで、サービスの対価を意識できるようになった[ii]。

　生態系サービスの持続可能な利用を社会として進める努力も国内外ではじまっている。ミレニアム開発目標を引き継いだ「SDGs（持続可能な開発目標）」[iii]が2015年の国連サミットで採択され、2030年までに持続可能な世界を実現するための17のゴールと169のターゲットを示している。SDGsは企業経営や自治体運営にも影響を与えはじめている。

　この背景には、産業革命によって人間活動が大規模な環境変化を誘発する「人新世（アントロポセン）」が現実となったことがある[7]。人新世とは、大気中の二酸化炭素量の増加による大規模気候変動など、エネルギー革命により人間活動が地球レベルの環境変化を誘発するようになった18世紀後半からの時代をさす。ボヌイユとフレソズは、人類による大量消費や大量廃棄の規模が、地球環境が許容できる限界を超えていると具体的な例を挙げて警告している[8]。これまでの持続可能な開発の推進から、開発の程度や経済状況に応じて、それぞれの社会が実現すべき目標としての持続可能性がテーマになってきた。

---

ii) その後のTEEB（The Economics of Ecosystem and Biodiversity）によって生態系サービスの概念はより精緻になり、2010年頃からは生態系サービスについての研究発表が急増した。

iii) SDGsは「Sustainable Development Goals（持続可能な開発目標）」の略称。

　持続可能性の維持のためには、大量生産と大量廃棄を抑止し、生態系サービスの消費量をコントロールすべきである。しかし、先進国と途上国、都市と農村などの格差がある現在、一様に「規制」を進めることは難しい。そこで、直接規制ではない、環境経済学を応用した経済的手法による抑止が考慮されてきたが、地域の事情や文化的背景を無視した政策は有効とはいえない。むしろ、文化多様性を考えることによって、持続可能な開発の実現をめざせることがユネスコなどで議論されてきた[9]。生態系の管理や生物多様性の維持にも、地域文化や文化多様性を考慮することが重要である。また、その文化を担う人やコミュニティも尊重されなければならない。

　この点で生態系の伝統的な管理に学ぶところは大きい。第4章で紹介する開田高原（かいだこうげん）の事例では、火入れによって草地を維持し、そこで木曽馬を育ててきた。人による適度な撹乱は草地の生物多様性の維持に貢献し、生態系を管理するための「在来知（ざいらいち）」が伝承されている。また、草地へのかかわりが野草を愛（め）でる文化の醸成や景観形成にもつながった。観光客は高原の草地景観を楽しむことができ、草地は観光資源としての価値ももつ（**写真3-3**）。

写真3-3　長野県霧ヶ峰の草地景観を楽しむ観光客

　手つかずのまま放置すれば、生態系を維持できるのではない。人のかかわりや利用によっても多様性を維持できる。また、人と動植物とのかかわりが文化を生むだけではなく、第6章で述べるように、動物も人の利用に適応して生態を変えてきた。人が生態系とかかわることで、生物多様性や文化多様性を維持できることを再認識する必要がある。また、生物多様性が高ければよいという主張もできるが、できるだけ多種の生物がいればよいという極論ではなく、第2章で詳しく説明したように、私たちの社会と生態系のかかわりのなかでそれを維持し、私たちが生態系の存在を認識できることが重要である（**写真3-4**）。

5. 生態系と人のかかわり

　生態系だけに着目すれば、国内でも生物多様性の維持に関する政策は進められてきた。国家的な方針である「生物多様性国家戦略2012－2020」が2012年に閣議決定され、持続可能な社会のための基本計画が決定された。同戦略では「すべての生物が異なっていること」が生物多様性であり、遺伝子レベルから生態系レベルまでの多様性の充実が重要だとしている。

　生態学の専門用語だった「生物多様性」も、次第に社会に浸透しはじめた。しかし、内閣府大臣官房政府広報室が2019年に行った「環境問題に

関する世論調査」では、回答者の47.2％が「生物多様性」という言葉を聞いたこともないと回答している。その点では生物多様性はまだ身近で親しみやすい言葉になっていない。SDGsを考える際にも重要なこの言葉を、誰もが身近に感じることが重要である。

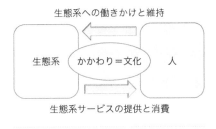

図3-1　文化の生成プロセス

　そのカギとなるのが、生態系と人の「かかわり」である。かかわりとは曖昧だが、人による生態系の利用だけではなく、保全も含めて生態系にコミット（深く関与）することである。その過程から文化が生じる（**図3-1**）。本章では特に、生態系とのかかわりで生み出される文化に着目した。生態系の物質的な恵みと異なり、文化的な恩恵は供給量では評価できない。多様な文化が生み出されることに意味がある、また人がかかわって初めて認められる恵みである。

　本章のマンガのなかで、アーティストが動植物からヒントを得て創作したというアート展示にジョンは疑問をもった。「創作と生態系は無関係」という彼の意見は一見もっともである。しかし、動植物がモチーフとして描かれている作品は多い。また、アートが生み出す芸術的価値をアーティストは強調する。ところが、アーティストが実物をデフォルメしたことをジョンは批判し、なぜ「ありのままの生態系」を描かないのかと反論する。

　この短いやりとりには、人と生態系のかかわりへの示唆がある。生態系は物質的な恵み、資源をとり出すためだけにあるのではない。アーティストのように、作品づくりによって生態系から文化を生み出すことも、生態系の恵みの利用である。それは、フランスのラスコー洞窟に抽象化された野生動物が描かれたときにまでさかのぼることができる、文化の創作活動である。

　第2章で触れた言語の多様性と同じく、多様性が高い生態系からは多様な芸術表現が生み出せる。さまざまな色や形をした動植物が生息していれば、それらをモチーフとして用いることで表現が豊かになり、多様な作品がつくり出せるからだ。人は生態系から文化を創造することで豊かになっ

た。アキがいうように、物質的な資源としての生態系だけではなく、かかわりから生み出される文化も重要である。

生態系の利用から文化へ

1. かかわりから文化へ

　文化が生態系とのかかわりから生み出されることは実感できたが、人はどのようにして生態系から文化を創造してきたのだろうか。創造の機会であるかかわりはいつ、どのように生じるのだろうか。

　生態系と人のかかわりは、文化を生み出すためにはじまるのではない。むしろ、生態系を利用するなかで自然に生み出されてくる。たとえば、食料にする魚を釣るために水辺に行き、釣り糸を垂れる。その際に、水に触れ、他の動植物とも接するので、生態系とのかかわりを避けては通れない。そして、かかわりをもった多様な生態系を他者に説明するために、人はまず言葉を生み出した。動植物の形態のちがいを言葉で表す、名前を付けて区別する、人に伝えるために特徴を捉えるなど、必要があって使いはじめた言語による区別が語彙の増加につながったことは想像に難くない。そして、第2章で述べたように、生態系が複雑であるほど、生物が多様であるほど、多様な言葉が生み出されていった。多雨地帯では雨に関する多様な語彙が生まれ、狩猟社会では動物を区別する語彙が増えた。地球上で使用されているといわれている約6,000の言語の多様性は、言語が使用されている地域の生物多様性と関係がある[iv]。このように、文化は生態系と人の関係のあり方、生態系と人のかかわりから生み出されてきた（図3-1）。

　私たちは、生態系を利用する技術や知識を得て生活を維持し、氷河期などの環境変動を生き延びてきた。しかし、生き残るだけではなく、文化を

---

iv）ただし、地球上に存在する言語の43％が消失の危機に陥っているといわれている。詳しくは、ユネスコの「UNESCO Atlas of the World's Languages in Danger」を参照。

生み出して生態系を認識し、生態系に意味や美しさなどを感じてきた。賛美だけではなく、生態系に対する畏怖や尊敬などの感情も文化は包含し、一方的な生態系サービスの利用にブレーキをかけることもできる。文化は人と生態系の間に生じる皮膜のようなものである。ちょうど人は文化に「綿のように」包まれて存在し、文化を通して生態系とかかわっている（**図3-2**）。

図3-2

人と生態系の関係
生態系が多様であれば、かかわり（文化）も多様化、複雑化する。

そして、多様な生態系、生物多様性の高い生態系とのかかわりがあれば、多様な文化が生まれ、文化多様性は高まる。つまり、生物多様性と文化多様性は相互関係をもち、多様な生態系から多様な文化が生まれ、その文化によって生態系を感じることができる。

　ここでいう文化とは、第2章で紹介したが、特定の社会やグループがもつ精神的、物質的、知的、感情的特徴を合わせたもので、芸術や文学だけではなく、生活様式や伝統、信仰なども含まれている。また、文化は第4章で解説する在来知のように、世代間で承継される習慣や価値観でもある。

2. 文化どうしの相互作用と拡張

　さて、文化は生態系とのかかわりから生み出されると述べたが、生み出された文化が充実してくると、人は文化を「対象として見る」ことができるようになる。言語や音楽などの無形の文化だけではなく、モノとしての有形な文化もつくり出す。たとえば、人が狩猟のためにつくった弓矢につける模様は、最初はアクセントのようなものだったが、高度な細工を施された弓矢は狩猟用具から所有者の権威を象徴する「威信財」となり、さらに美術品に昇格する。それを「有形な文化」、つまり文化財と呼ぶことができる。同様の例として、神社仏閣などの建築物を含む文化遺産、芸術作品などがある。そして、細工された弓矢を洗練したり、デザインを変える

ことで、新たな文化をつくり出すこともできる。

　つまり、私たちは生態系に働きかけることで、資源としての生態系の恵みに手を加え、また生態系とのかかわりから生み出された文化を対象として「客体化」し、そこから別の文化を生み出している。そこには生態系と文化、そしてかかわりの主体である人という三者間の相互関係が生じている。

　しかし、それ以上にダイナミックな変化は、つくり出された多様な文化どうしの交差から生じる。文化の衝突もあるが、それを越えれば、異文化理解や交流が進み、そこから新たな文化が生じることは私たちの共通理解となっている。多様な文化が存在すれば、交流から革新や創造が生み出され、結果的に私たちの社会は豊かになる。言語や芸術のように、文化どうしの交流から新たな文化が生じる例は多い。それは、生態系のなかで交雑によって種に変化が生じたり、種間競争が進化につながったりすることに似ている。このように生態系とのかかわりから生まれた文化と、文化どうしの交流から新たな文化が生み出される「文化の高次化」が生じている。

　特に、人の交流機会が多い都市では、異文化どうしの接触から新たな価値も生成されていく。1990年代以降に提案されてきた「クリエイティブ経済」[10]は、創造性の高い人々が集まる都市における価値創出であり、第5章にもあるように、創造都市論として都市政策に大きな影響を与えた。多様な文化の交差からのイノベーションや経済的発展も視野に入れることができる。

3-3　生物文化多様性という提案

1. 文化と生態系を統合した新しい多様性概念

　モノとしての生態系やそこから生み出される恵みは人にとって重要であり、生態系の保全はそこから得られる資源を活用することで、社会的な利益の確保につながる。しかし、資源として生態系を使えばそのまま豊かな

社会が実現するのではない。社会全体の豊かさだけではなく、生活や身近なコミュニティを豊かにするための文化も重要である。

　資源を得るための生態系の持続可能な利用だけではなく、社会を形成し、多様な文化のうえに生活を成り立たせている人にとって、文化多様性への配慮は必要である。さらに、グローバリゼーションによる文化多様性の危機が指摘されている現在、文化多様性が持続可能な開発を推進するために重要であることが指摘されている[11]。生態系を含めた自然環境の開発抑止だけで環境が保全できるとしてきた今までの政策からの転換である。特に、人間活動が地球環境にまで深刻な影響を与える人新世では、文化多様性が地球レベルの環境悪化に対して有効であろう。多様な文化や状況のちがいを認めたうえで、規制だけではない、文化によるアプローチを考えなければならない。

　第2章で解説したように、文化も生態系もという欲張った「生物文化多様性」という概念は、すでに1980年代後半に誕生していた。この考え方によって、生物多様性だけに注目した生態系の保全政策が不十分であり、生態系の多様性に加えて、かかわる人々のもつ文化の多様性も評価することの重要性が示された。ジョンとアキが話していたように、生物多様性から文化多様性が生み出され、文化の多様性があるために生物多様性が評価や維持されるという相互の関係や作用がより重要である。

　生物文化多様性は近年研究対象としても注目され、関連する論文数は年々増加している。国際的な議論では、言語と生物多様性の相関関係についての分析、生物文化多様性の評価、生物文化多様性の維持と喪失に関する研究が主に進められてきた[12]。第4章で詳しく述べるが、生態系と伝統文化や在来知の関係が日本国内でも議論されてきた[13]。また、在来品種の保全には、在来知が重要であり、そこから生態系と文化の相互作用である生物文化多様性への言及もある[14]。

　新しく提案された生物文化多様性という概念は、生物多様性と文化多様性を相互に関係する要素として扱っている。しかし、生物多様性ですら多くの日本人が理解できていない現状がありながら、なぜ文化多様性も含めて考えるのか。それは、生態系も文化も私たちの社会の基本だからだ。第5章と第6章で言及するが、東京やニューヨークのような大都市でも、私

たちは都市公園などの形で自然をつくり出す。どちらかだけで成り立つ場所はない。だからこそ、総合的な指標となる生物文化多様性が重要なのである。

2. 都市と農村の確執を越える生物文化多様性

　生物文化多様性に期待するのは、総合的な指標だからという理由だけではない。この概念が都市と農村の確執を越える可能性をもっているからだ。生物多様性だけに注目すると、高度に都市化した地域の評価は低く、屋上緑化や都市公園を用いた人工的な都市内自然の創出にしか活路を見出せない。逆に、農村や里山は生物多様性を維持する場となりがちである。一方、文化多様性の面から見ると、都市化が進まず伝統芸能などが残る農村は、伝統文化の維持を期待される。逆に、人の移動が活発な都市は異文化交流が盛んで、多様な文化が生み出される。このように、都市と農村では条件が異なるので、「役割分担」が起きる（**図3-3**）。

　しかし自然が豊か、つまり生物多様性が高いだけでは豊かとはいえない。逆に、文化の多様度が高く、アートなどの現代文化が集積している大都市

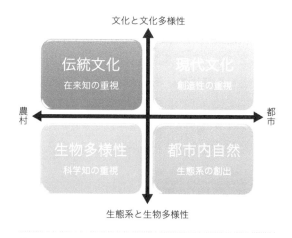

図3-3
都市と農村における生物多様性と文化多様性の関係
〔敷田（2015）から転載し改変 15)〕

の繁栄状況だけを見て、すばらしい社会だと判断することもできない。生態系の豊かさや生物多様性では農村が優れており、現代文化の集積では都市が有利だからだ。つまり、都市と農村が抱える地域間格差や経済格差の問題を無視して、正当な評価となるかどうかは疑わしい。条件が異なる都市と農村での優劣の議論は不毛だ。

そこで、生態系と文化を分けて考えるのではなく、「生態系と人が生み出した文化の相互作用の充実度」で社会を評価するために、生物文化多様性が活用できるのではないか。生態系の問題を生物多様性という客観指標だけで考えるのではなく、生態系と人や社会との相互関係の多様性で捉えることで、都市と農村の条件のちがいを克服した持続可能な社会の実現が期待できる。

保護対象となる原生自然や伝統文化、言語の多様性の考察も重要だ。また、研究者が注目してきた、保全された生態系と伝統文化だけではなく、都市の生物多様性や現代文化における文化多様性、文化どうしの相互作用による新たな文化創造も評価しなければならないだろう。さらに、人の活動が地球環境に深刻な影響を与えている人新世では、生態系から資源をとり出す供給サービスの議論を超えて、生態系と文化の相互作用に注目すべきである。世界人口の半数が都市に居住する現在、都市の生物多様性を無視し、農村だけに任せる生物多様性の保全は効果的ではない。

3-4 生物多様性と現代文化

1. オーバーユースとアンダーユースの間で

日本の都市人口は約90％で、ほとんどが都市に住んでいる。都市生活者に身近な生態系の存在を問えば、恐らく都市公園や屋上緑化をまず思い浮かべるか、自分の故郷の農村を思い出すだろう。都市生活は決して豊かな生態系に囲まれて暮らしているとはいえない。そのため、近年は都市住民による農村や田園回帰がブームになっている。特に、里山の生態系保全

は伝統文化とともに賛美される。あたかも生態系の保全が農村の重要な役割であるかのようにいわれることも多い。しかし、伝統文化のために里山を保全していたのではなく、結果的に文化を利用し、組み込んだことで、保全が進んだにすぎない。ノスタルジックな思いを抱くことは自由だが、生態系とかかわる過程でたまたま文化が醸成されたのかもしれない。それはちょうど、狩猟のための弓矢に細工がされて伝統工芸品となるようなものだ。

　しかし、社会の発展や都市化のなかで、人類は資源としての生態系利用を強力に進めてきた。いわゆる「開発」である。そして、農業生産の効率化や野生動物の家畜化を実現した。ブタやイヌなどの家畜化は約1万年前だといわれているが、それによって、生態系からの供給サービスを効率よく手にすることができるようになった。もちろん、生態系とのかかわりからは芸能などの文化も生み出されていたが、生産性の向上に寄与しないので、資源の利用を効率化し、供給サービスを最大化した。それは生態系破壊や多様性の喪失という「オーバーユースによる第1の危機」につながった。

　破壊された生態系は魅力を失う。グローバル化した物流による地域外からの食料移入は、恵みを得る場だった身近な生態系を色あせたものにした。人口減少、さらには生活スタイルの都市化による生態系への関心の低下の結果、身近な生態系を利用しない「アンダーユースによる第2の危機」が進行した。かかわりが減れば、生態系からの文化創出の機会も失われる。

　こうした危機への対応として、かかわりを失った生態系のイメージの回復や自然体験を得る観光がある。生業や生産行為を通した自然体験ではなく、生態系から文化サービスとして価値をとり出そうとする試みである。ジョンやアキが体験した里山でのアート展示や第8章のスノーシューツアーのように、体験を通して生態系とのかかわりを再構築し、生態系から文化を生み出す試みもある。しかし、たとえば屋外にある「安価な展示場」として、農村がアートプロジェクトに使われてはならない。アートが地域の生態系やコミュニティとの相互作用をもてなければ、生態系が利用されただけで終わる。また、「美しい自然」というつくられたイメージだけを切りとることも避けたい。スマートフォンを通して野生生物の写真を撮る

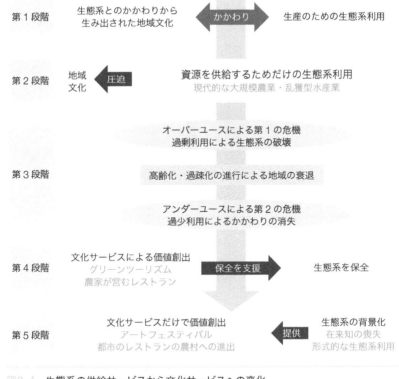

第1段階　生態系とのかかわりから　←かかわり→　生産のための生態系利用
　　　　生み出された地域文化

第2段階　地域　←圧迫　資源を供給するためだけの生態系利用
　　　　文化　　　　現代的な大規模農業・乱獲型水産業

　　　　オーバーユースによる第1の危機
　　　　過剰利用による生態系の破壊

第3段階　高齢化・過疎化の進行による地域の衰退

　　　　アンダーユースによる第2の危機
　　　　過少利用によるかかわりの消失

第4段階　文化サービスによる価値創出　保全を支援→　生態系を保全
　　　　グリーンツーリズム
　　　　農家が営むレストラン

第5段階　文化サービスだけで価値創出　　　　生態系の背景化
　　　　アートフェスティバル　←提供　在来知の喪失
　　　　都市のレストランの農村への進出　　形式的な生態系利用

図3-4　生態系の供給サービスから文化サービスへの変化
〔敷田（2019）から転載し改変[16]〕

だけでは、生態系とのかかわりがない、自分のための都合のよい利用になってしまう。

　以上のような関係を説明したのが**図3-4**である。資源としての生態系の恵み、供給サービスを得るための生態系とのかかわりは文化を生み、生態系利用と文化はリンクしていた（図3-4の第1段階）。しかし、効率を優先した生態系利用は、文化より生産量の拡大を重視した（図3-4の第2段階）。前述した2つの危機を経て、結局かかわりは失われてしまった（図3-4の第3段階）。一方、現代社会では、物質よりサービスが価値を生みやすく、評価もされる。そのため、生態系からの文化サービスの創出だけに関心が集中し、扱いにくい実際の生態系ではなく、イメージの利用だけ

が先行しやすい（図3-4の第4段階）。

　第8章では、生態系の美しさだけではなく、生態系と人とのかかわりを体験するツアーの重要性が指摘されている。エコツアーは、生態系と文化のかかわりを実体験で知るチャンスであり、イメージの消費から（現実の生態系という）実物に私たちを引き戻すことができる。それは、非日常を求める観光客にとって、大きな魅力となるだろう。

　しかし、こうしたツアーが観光客の増加を優先し、効率を求めれば、たちまち図3-4の第5段階に移行する。それは文化サービスの供給のためだけに生態系を「背景として」利用することである。生態系や相互作用への関心ではなく演出だけが優先され、相互作用である生物文化多様性とは異なる、一方的な利用に陥ってしまう。

2　生物文化多様性で再考する生態系の重要性

　本章で最も強調したいことは、現代文化と生物多様性の関係である。前述したように、現代文化では実物の生態系ではなく、都市でも扱いやすいイメージやアートが好まれる。たとえば、ポピュラー音楽には生態系に関する言葉が頻出するが[17]、歌詞から美しい自然はイメージできても、生態系との実際のかかわりをもたなければ、単なる美化に終わってしまう。ジョンが批判したように、デフォルメや改変も可能であり、実際の生態系とのかかわりとも異なる。人が生み出した文化から、また文化交流から新たな文化を生み出すことは、私たちの創造性が豊かであることの証しだが、一方で実際の生態系がなくても、文化が多様になればよいという理屈にもつながる。

　しかし、リアルな生態系がどうしても必要だということを忘れてはならない。現代文化、たとえばサブカルチャーであっても、もとになる「実在する生態系」が必要である。アニメのキャラクターのように、動植物からヒントやモチーフを得ているサブカルチャーは多い。

　だからといって、現代文化の振興を批判しているのではない。アートや写真などのイメージに変換されたとしても、それが再びリアルな生態系、生物多様性の維持に再帰できれば、生態系の価値を伝えることができる。

その点では、両方のアプローチに優劣はつけられない。

　以上のような現代文化がもつ悩み、イメージ化が進行したリアリティの喪失を解決するものが、本書で着目した「生物文化多様性」である。生物も文化もではなく、生物と文化の豊潤な相互関係を維持することが、社会として優先されなければならない。人の存在以前からあった生態系と人がつくり出した文化は別だと考えれば、水と油のように思えるが、両者は相互関係から価値を生み出す。それは、生態系や生物多様性の保全と文化多様性の維持、それぞれの場にかかわる関係者どうしの相互リスペクトの必要性の証しでもある。

参考文献

1) The GBD 2015 Obesity Collaborators (2017) Health Effects of Overweight and Obesity in 195 Countries over 25 Years, *New England Journal of Medicine*, 377(1), pp.13-27.

2) Miettinen, J., Shi C. and Liew, S.C. (2011) Deforestation Rates in Insular Southeast Asia between 2000 and 2010, *Global Change Biology*, 17(7), pp.2261-2270.

3) Bettencourt, L. M. and Kaur, J. (2011) Evolution and Structure of Sustainability Science, *PNAS*, 108(49), pp.19540-19545.

4) 鶴見和子 (1996)『内発的発展論の展開』筑摩書房, 318p.

5) 広井良典編著 (2009)『グローバル定常型社会-地球社会の理論のために』岩波書店, 222p.

6) ミシャン, E. J. (1971)『経済成長の代価』岩波書店, 344p.

7) アザム=ジュヌヴィエーヴ (2016)「生態学的カオスの脅威と解放のプロジェクト」中野佳裕・ラヴィル=ジャン=ルイ・コラッジオ=ホセ=ルイス編『21世紀の豊かさ-経済を変え、真の民主主義を創るために』コモンズ, 415p.

8) ボヌイユ=クリストフ・フレソズ=バティスト=ジャン (2018)『人新世とは何か-〈地球と人類の時代〉の思想史』青土社, 416p.

9) 寺倉憲一 (2010)「持続可能な社会を支える文化多様性-国際的動向を中心に」『持続可能な社会の構築総合調査報告書』国立国会図書館, pp.221-237.

10) Florida, R. (2002) *The Rise of the Creative Class: And How It's Transforming Work, Leisure, Community and Everyday Life*, Basic Books, 404p.

11) Loh, J. and Harmon, D. (2005) A Global Index of Biocultural Diversity, *Ecological Indicators*, 5, pp.231-241.

12) Maffi, L. (2007) Biocultural Diversity and Sustainability, J. Pretty et al. Eds., *The SAGE Handbook of Environment and Society*, Sage Publications, pp.267-279.

13) 須賀丈 (2012)「日本列島の半自然草原-ひとが維持した氷期の遺産」須賀丈・丑丸敦史・岡本透『草地と日本人-日本列島草原1万年の旅』築地書館, pp.19-98.

14) 木俣美樹男ほか (2010)「生物文化多様性と農山村振興-在来品種と伝統的知識体系」『国際農林業協力』33(2), pp.27-32.

15） 敷田麻実（2019）「第6章 創造的な資源利用は農村を豊かにするか」『創造社会の都市と農村：SDGsへの文化政策（文化とまちづくり叢書）』, pp.133-151.

16） 敷田麻実（2015）「分野を越境するアプローチ「生物文化多様性」－OUIKのプロジェクトからの提案」UNU-IAS OUIK編『石川－金沢 生物文化多様性圏 豊かな自然と文化創造をつなぐいしかわ金沢モデル』, pp.20-26.

17） Coscieme, L.（2015）Cultural Ecosystem Services: The Inspirational Value of Ecosystems in Popular Music, *Ecosystem Services*, 16, pp.121-124.

第4章

農村と生物文化多様性

農村は都市に比べ、自然が豊かに見える。そこには自然との深いかかわりを示す文化がある。しかし、産業社会のグローバル化は、農村の経済や文化に大きな変化をもたらしてきた。とはいえ、現代の農村にも在来知と呼ばれる伝統的な文化が残されている。脱近代の時代を迎え、人々の価値のものさしがモノからコトへと変わるなかで、人々が農村に求めるものも変わりつつある。農村に残る在来知は、都市と農村の関係を変え、ローカルな暮らしの魅力を再生させていく動きの源になるかもしれない。このような農村の歴史的な変化をよく物語るのが、里山の草地である。里山の草地、またそれにかかわる農村の在来知とは、どのようなものだろうか。

農村の草地を維持する春の火入れ（長野県木曽町開田高原）

開田高原・春の野焼き

早く消して〜

も〜

慌てないで!

地元の人が集まって、ちゃんと
管理しながら野焼きや草刈りをして
草原をつくってるのよ。

でもなんで
燃やしちゃうんですか?

この焼け跡から生えた草を
木曽馬の餌にしていたのよ。

その草を秋に刈ってニゴにして
冬に食べさせていたのよ。

でも馬なんて
どこにいるの?

残念だけど、馬を飼う人が
ほとんどいなく
なってな

見な
かったよ。

草刈り場も
減ってしまったんだよ。

でもね
焼くことで夏には草が伸びて
ススキやキキョウ、オミナエシの
花も咲くのよ。

キキョウ

ススキ

オミナエシ

それって
万葉集に出てくる
秋の七草ですよね。

立派な日本の
文化ですね。

キキョウやオミナエシは
昔からお盆のお供えの花に
していたのよ。

へぇ〜、野焼きが日本の
文化と関係してるんすね。

馬を飼う文化や暮らしがあって
それで花の咲く草地が守られてきたって

すばらしいと思うの。

私ね、そういう
お手伝いがしたくって
ここに移住してきたの。

移住って大変じゃ
ないですか?

そんなには。
地元の方は親切だし
なによりやりがいが
あるわ。

彼女の行動は
みなの励みになるよ。

あなたも
いつも文句ばっかり
いわずに見習ったら?

はい
これから僕も
ガンバリます。

ふざけ
てる?

旅先で出会う美しい農村の魅力

　旅で訪れた海外の農村で、美しい田園風景や景観と調和した古いたたず
まいの建物、特色のある郷土料理、伝統ある工芸品、そこで暮らしを営む
人々の姿などを目にする。あるいは、それがテーマのテレビ番組に惹きつ
けられる。こうした体験から、私たちが何かの気づきやアイディアを得る
ことがあるとすれば、それは日本の農村の魅力に新しい光を当てるヒント
につながるのではないか。その手がかりとして、生物文化多様性が挙げら
れる。

　美しい農村への感動から直観的に感じとれるものは何だろうか。そこに
は自然の豊かさだけではなく、緑の牧場や農地の広がり、木陰や小道、古
い建物、おいしそうな郷土料理、人々の話す言葉など、ひと言では表せな
い多面的で複雑なものが含まれている。そしてこれらのものには、周囲の
環境に対する人々の知恵や知識、価値判断や働きかけの積み重なり、つま
り文化の豊かさが陰影を与えている。

　その場所がよく知っている近隣の農村でなければ、新鮮さを覚える度合
いも大きい。私たちは、見慣れたものには次第に意識を向けなくなる傾向
がある。逆に、目新しい風景からは気づきを得やすい。海外の農村では、
木々や草花などのありふれた自然にも新鮮な驚きを覚える。熱帯や温帯、
寒帯といった気候のちがい、森林、草原といった植生のちがいのように、
自然の姿は場所によって異なる。そのため、住み慣れた地域から旅に出て、
見慣れない自然と出会うと新鮮な刺激を受ける。美しい農村の風景に魅せ
られるとき、地球上の自然と文化の異質性と豊かさの絡まり合った総体を、
私たちは感じとっているのではないだろうか。

　旅先では、日頃目を向けることなく過ごしているものを意識することが
多くなる。日常との「ちがい」の発見は、自然や文化に地域的な多様性が
あることに気づくきっかけになる。旅先の文化や言語がその周囲の自然環
境と結びついていることがわかれば、またその視点を日常に持ち帰ること
ができれば、地元の自然や文化を新しい視点で見ることができる。訪問者
や移住者が地域に新しい視点をもたらすことがあるのも、ほぼ同じ理由で

写真4-1
アヤメの咲く農村の草地（長野県木曽町開田高原）

あろう。そこでは、地域の自然と文化の特色ある結びつきが「再発見」される。

　グローバル化は文化の均一化をもたらした側面がある一方、ローカルな「ちがい」に気づく機会を広げた側面もある。生物文化多様性は、グローバル化した世界で人々が「再発見」しつつあるものに対して名づけられた概念かもしれない。なぜなら、地球上の自然と文化それぞれの多様性が、ローカルな場では互いに結びついたかたちで存在するからである。

　このことを手がかりに、日本の農村について考えたい（**写真4-1**）。20世紀後半以降、日本の農村では人口減少と高齢化が急速に進んだ。祭りのような伝統行事の存続が難しくなっている地域もあれば、学校のような公共施設、さらには地域社会そのものの存続すら危惧されている地域もある。他方で、地域づくりによって若い世代を含む移住者を増やすことに成功している地域もある。21世紀に入り、日本が人口減少時代を迎えるなかで、新しい活力を生み出し、人々を惹きつけている地域にはどのような特徴が

あるのだろうか。本章では、ここに生物文化多様性の視点を加えたときにどのような景色が見えてくるのかを探ってみたい。

　近年、日本を訪れる外国人旅行者が多くなった。なかには農村に足を延ばす外国人旅行者もいる。日本の農村の魅力が「再発見」されつつあるのだろう。そこで再発見される自然と文化の結びつきや価値を、農村の地域づくりに活かすことができないだろうか。それを考えるには、農村の自然と文化が現代社会でもつ意味を、農村の歴史も含めて探ってみなければならない。

4-2　グローバル化した社会と農村の在来知

　グローバル化した世界で農村のあり方を探ることは、地球環境と持続可能な未来にとっても意味があると考えられはじめている。なぜなら、世界的に進みつつある都市化は、農村に大きな変容をもたらしているだけではなく、第3章で述べられていたように、地球環境を不安定で予測しがたい状態に変える危険を生み出してきたからである。歴史的に農村に育まれてきた生物文化多様性は、危機に対する人々の「レジリエンス」（柔軟な回復力、第2章参照）を保つ効果をもつといわれている[1, 2]。

1. 日本社会の近代化と農村の変化

　現代の日本人の生活は、地球環境に大きな負荷をもたらしている。日本の国土の約65％は森林が占めており、一見すると自然がよく保たれている。しかし、これは食料や石油などの資源の多くを国外からの輸入に頼っていることによる。その負荷の大きさをわかりやすく示すのが「エコロジカルフットプリント」という環境指標である。これは、人間一人が消費する、①衣食住などに必要な資源を生み出す土地（耕作地・牧草地・森林・漁場）、②住宅・交通などの社会インフラが占める土地、③排出する二酸化炭素を吸収するために必要な森林の面積を足し合わせた値であり、gha（グローバル・ヘクタール）という単位で表される[3]。2017年発表の数字

では、世界の人々のエコロジカルフットプリントの総量は、地球の環境収容力の約1.7倍に達している[4]。日本人1人当たりのエコロジカルフットプリントは5.0ghaであり、世界平均の2.9ghaよりもかなり大きい。また、日本人のエコロジカルフットプリントのうち、国内の生態系で賄えるのは全体の7分の1であり、残りは国外の生態系に依存している。こうした日本の資源利用や流通のあり方を見直し、国外の資源に依存する割合を減らすことができないだろうか。

　そのためには、現状の資源利用や流通のあり方をローカル化する方向に舵を切ることである。食料、木材、エネルギー供給などの地消地産[i]——地域で消費するモノやサービスを地域で生産すること——は、その方向に沿ったとりくみであろう。では、そこに文化はどうかかわるのだろうか。このことについて考えるため、近代化の歴史とそのなかでの文化の変容に目を向けたい。

　グローバルな資源利用は、現代の産業活動が共通にもつ特徴である。特に、日本はOECD加盟国のうちでも食料自給率が低く、国外の資源に依存する度合いが高い。こうした状況に至った経緯は、日本の近代化の歴史と結びついている。タットマン[5]が述べたように、明治以来、日本はローカルな資源利用に依存した農耕社会から、グローバルな資源利用に依存する産業社会へと大きな変貌を遂げた。国家の主導による近代化、工業化、さらに軍事的侵略を伴った経済活動の海外への拡大は、敗戦で一時頓挫したものの、戦後は産業界に主導された資源利用のグローバル化をさらに進めた。近年の農村の過疎化と高齢化は、その帰結である。

　現在の農村では、電力、石油などのエネルギー資源をはじめ、多くの商品やサービスを地域の外から購入せざるをえない[6]。そのため、たとえ国全体として貿易収支が黒字であっても、多くの地域で経済収支は赤字となる。そこで地域外への支出を減らし、地域内での経済循環を増やす努力をしたい。地消地産は、この現状を変えていこうとする動きである。

　以前の農村が多くの人口を支えることができたのは、田畑や草地、森林

---

i) 「地消地産」と似た言葉に「地産地消」がある。「地産地消」が生産側を起点とするのに対し、「地消地産」は消費側を起点とした用語とされる。

を含む周辺の里山から、食料や薪などの燃料、屋根をふく茅、その他多くの生活資材が生み出されていたからである。また、そうした生活や生業を成り立たせるため、人々は動植物の利用についての多くの知識をもっていた。しかし、生活や生業が近代化すると、知識や技術も変化し、そのなかから失われたものも少なくなかった。現在の農村の文化は、江戸期以前の農耕社会そのままの文化ではない。それは、近代化がローカルな文化にどのような変化をもたらしてきたかという、より広範な話題につながる。

2. 近代化された農村の在来知とその価値

　社会の近代化は、学校教育などを通じて、科学知（科学的知識）の普及をもたらした。道路や電力施設などの建設を通じて、農村の地域づくりにも科学知が導入された。さらに、農業の営み自体が、化学肥料・農薬の導入や機械化などによって効率化した。科学知の特徴は、地域や文化に制約される度合いが小さく、グローバル化との親和性が高いことである。

　これに対し、ある地域の生活や文化、言語に根ざし、その周囲の環境や生物とその利用にかかわる体系化された知識を「在来知」、あるいは「伝統的知識」と呼ぶ[7, 8]（第2章参照）。在来知がなければ、人々はローカルな環境のなかで生活を営むことができない。なぜなら、ローカルな環境は多様性が高く、科学知だけでは日常生活に対応しきれないからである。

　たとえば、釣った魚が売買され、調理されて食卓に並ぶまでには、その魚についての一般的な生物学的知識だけではなく、どこで、どのような漁法で獲ることができるか、どのような市場でどうやって売られ、どう調理されるかにかかわる一連の在来知が必要である。このように、在来知は生活を営むために欠かせないが、国外資源に依存している現代の日本の生活では、資源に対する在来知を生活のなかでもつことは容易ではない。

　在来知は、熱帯雨林とその先住民の権利を守ろうとする場合などには、近代化の影響を受けていない文化的価値が認められる。しかし、現代の農村でも、それが生きたかたちで使われている場合には、地域固有の知識としての価値があるだろう。

　科学知は、教育機関や研究機関などの近代的な社会制度を通じて普及・

写真4-2
大豆の品種：左から、さとういらず、おおすず、あやみどり

更新される点で、在来知と区別できる。しかし、現代の農村では、科学知と在来知がシームレスに活用される場合も少なくない。**写真4-2**は、長野県のある農村で栽培されている3品種の大豆である。このなかには近代的な科学知によってつくられたものと在来のものとがあり、どの品種をどの場所に蒔いて育てるかは、耕作者が在来知に基づいて判断している。

　品種の多様性とそれを活用する知識（科学知と在来知）がともに利用されることで、自然条件や社会的・経済的条件の変化に対するレジリエンスが保たれている。しかし近年の種子販売市場では、特定の品種が大きなシェアを占めるようになり、農家の栽培品種の画一化が指摘されている。この画一化の動きによって在来知が失われると、レジリエンスも損なわれることになる。

　以上の例から、科学知と在来知が併存するほうが、地域を持続可能にできることがわかる。したがって、これからの農村を構想するうえでも、科学知と在来知のシームレスな利用を考える必要があるだろう。持続可能な農村をつくり出すことは、都市と農村の関係の未来を描き出すことにも結びつく。そのとき、在来知は活用できる地域資源となる。

　さらに、在来知はローカルな環境と結びついているため、グローバルな

社会では希少性をもつ。その希少性が、地域の価値を高めることにつながる場合がある。旅の訪問先としての魅力をもつ美しい農村には、農村景観をかたちづくるための在来知がかかわっている。それが、「そこにしかないもの」を生み出すしくみであり、旅先としての魅力を高める力につながっている。

ヨーロッパでは、数十年前から農村への人口の還流がある[9]。日本でも最近、これに似た動きが目立つようになり、「田園回帰」と呼ばれている[10]。それは単に前近代への回帰をめざす動きではない。近代がもたらした世界から、いかに脱近代化した世界へと移行していくかを模索する動きと捉えたほうがより理解できる。このことについては、本章の後半でも述べたい。

4-3　里山の草地と生物文化多様性

第2章で述べられていたように、地球の生物多様性と文化多様性の喪失の原因は共通する。そのプロセスをたどると複雑だが、ひと言でいえば、それはグローバル化で膨張した産業活動である。そして、ローカルな社会とそれをとりまく自然との間の、言語・知識・技術・信仰・世界観など、つまり3章の図3-1で示した文化による生きたつながりが断ち切られてきた。したがって、この2つの領域を継承しつつ、新しいかたちでつなぎなおすことが世界的な課題となっている[11]。

第3章で述べられていたように、短期的な生産性の過度な重視は自然資源のオーバーユース（過剰利用）をもたらす。これ対し、現在の日本の里山では、自然資源のアンダーユース（過少利用）により地域文化の衰退が生じている。どちらも生物多様性と文化の関係に大きな変容をもたらす。そこで、ここからは日本の里山の生物多様性と文化の歴史的な成り立ちを詳しく見ていこう。

　まず注目したいのは里山の草地である。里山には、田畑や水路、農用林
や薪炭林としてもちいられた二次林のほかに、歴史的にはかなり広い面積
の草地があったことが知られている。こうした草地は、屋根材の茅を採る
ための茅場、田畑の肥料や牛馬の餌とする草を採るための採草地、牛馬の
放牧地などとして利用されてきた。このような草地に生える草は、『万葉
集』の秋の七草に代表されるように、文化とのつながりも深かった。しか
し、数十年前から草が生活のなかで利用されなくなったため、里山の草地
は大幅に減少した。そこで、絶滅のおそれのある植物種が多く維持されて
いるこの里山の草地の経緯をたどってみよう[12]。

　新生代第四紀には氷期と間氷期が交互に起きた。海面の低下した氷期に
は、日本列島とユーラシア大陸がつながることが多かった。氷期の気候は
全般に今よりも冷涼で乾燥していたため、大陸から草原性の動植物が侵入
してきた。本州以南の草地に現在残る植物は、大陸の温帯草原から朝鮮半
島を通じて広がってきたものが多いと考えられている。

　約1万2,000年前に最終氷期が終わると、温暖・湿潤な気候に恵まれた
日本列島では、植生に人が手を加えなければ、ほとんどの場所で森林が成
立するようになった。同時期の日本では縄文時代がはじまるが、火入れ
（野焼き）などの人の活動により、植生の一部は草原として保たれるよう
になった。このような草原を「半自然草原」という。現在の里山の草地は
その名残である。そこに生育する植物やそれを食べて幼虫が育つ蝶のなか
には、氷期に大陸から移入したものの子孫と考えられるものが多い。

　この半自然草原の歴史を物語る痕跡のひとつが、黒ボク土という黒い土
壌である（**写真4-3**）。ススキなどの草が燃えてできた細かい炭の粒子が
黒ボク土には含まれている。人による火入れがその生成に深くかかわって
いる。生成のはじまりは、縄文時代にさかのぼることが多い。

　現在の日本に残る半自然草原は国土の約1％にすぎないが、黒ボク土は
日本の国土面積の約17％を覆っている。九州の阿蘇くじゅう地方、長野
県の霧ヶ峰などの比較的広く黒ボク土が残る場所では、黒ボク土と半自然

写真4-3　黒ボク土（熊本県阿蘇地域）

草原の分布が重なっている。

　採草や放牧も、火入れと並んで森林化を押しとどめ、半自然草原を保つ効果をもつ営みである。水田耕作が本格的にはじまると、草や木の葉を肥料として用いる農法が行われるようになった。肥料に用いるこうした草や葉を「刈敷」という。その古い記録は奈良時代にさかのぼる。一方、牛馬の放牧が組織的に行われるようになったのは、遺跡の出土遺物などから古墳時代以降と考えられている。

　『万葉集』が編さんされた時代の畿内周辺には、こうした半自然草原が広く見られたようである。ハギ、ススキ、カワラナデシコ、オミナエシ、キキョウなどの秋の七草（**写真4-4**）は、いずれも草原の植物であり、『万葉集』に最も多く出てくる植物はハギである。額田王や柿本人麻呂の有名な歌をはじめとして、「野」の出てくる歌も『万葉集』には多い。火入れを詠んでいると思われる歌もある。

　江戸時代の前半には大規模な水田開発がなされ、大幅に人口が増加した。それに伴い、肥料としての草の利用が増大した。水田の10倍の面積の草地が必要であったとの推定もある。地域によっては、村落周辺の山の5割から7割が草山や柴山であったとされる。草は刈敷のほか、牛馬の餌としても使われ、牛馬の糞と混ぜて厩肥をつくるのにも用いられた。ススキを

写真4-4　秋の七草として詠まれた植物
ススキ(左上)、キキョウ(右上)、カワラナデシコ(左下)、オミナエ
シ(右下)

はじめとしたイネ科の草は、屋根材の茅としても用いられた。江戸時代の
後半には水田開発による草の供給は限界まで達した。そして、肥料、牛馬
の餌、屋根材など、生活に必要な資材としての草の利用は、20世紀中葉
まで広く行われていた。

　日本人の歴史的な草とのかかわりは、生活資材としての利用にとどまら
ない。『万葉集』に詠まれた秋の七草は、身近な花として親しまれてきた。
キキョウ、カワラナデシコ、オミナエシなどは盆花として用いられた。
花々は先祖の魂の依り代として野で採られ、家に運ばれて盆棚に供えられ
た。そのようなとき、花々の咲く身近な野の風景は、そのまま「あの世」
とも地続きであるような世界観の一部をなしていたのかもしれない。スス
キやオミナエシは中秋の名月にも供えられた。歌川広重『冨士三十六景』
の「甲斐大月の原」には、富士山を背景にススキ、オミナエシ、キキョウ
などと思われる花々の咲く景色が描かれている。また、このような野の
花々は生け花にも広く用いられた。

　しかし、20世紀中葉以降、農作業の機械化、化学肥料の導入、産業構
造の転換などにより、野の草の利用は急減し、野の草の利用に伴って生じ
た文化も衰退した。20世紀初めに国土の1割以上を占めていたとされる

半自然草原は、100年間に約10分の1以下に減少した。植林地や宅地など
への転用のほか、管理放棄による草地の森林化の進行も見られる。その結
果、半自然草原に依存する植物や昆虫の多くが絶滅のおそれのある状況と
なった。つまり、「草の文化」の衰退と半自然草原の生物多様性の危機が、
軌を一にして生じたわけである。

2. 開田高原の木曽馬をめぐる文化と草地

　この状況に対し、近年、草と草地を利用することで生まれた文化を地域
づくりのために活かす動きが生まれている。そうしたとりくみは、2013
年に世界農業遺産 [ii] に登録された「静岡の茶草場農法」と「阿蘇の草原の
維持と持続的農業」をはじめとして、各地で見られる（阿蘇については第
8章参照）。ここでは、木曽馬の産地として知られる、長野県木曽町開田
高原の事例を紹介する。

　御嶽山麓の標高1,000mを超える地域に広がる開田高原は、黒ボク土
に広く覆われており、旧石器時代から縄文時代にかけての遺跡がある。江
戸時代以来、日本在来馬のひとつである木曽馬の産地として知られ、その
歴史によって特色ある地域文化がかたちづくられてきた。馬は人と同じ屋
根の下で大切に飼われたといわれ、路傍に今も多くの馬頭観音が残ってい
る。1950年代でも、当時の開田村（現在の木曽町）の約3分の1以上にあ
たる5,000haに近い草地があった。その草地には夏草場、干草山、放牧
地があり、舎飼いと放牧を併用して700頭近い木曽馬が飼われていた [13]。
舎飼いの餌や敷草にするため、夏草場では夏季に採草し、また干草山では
秋に草を刈り、干草にして冬に用いた。このような舎飼いでつくられる厩
肥が田畑に投じられた。

　夏草場、干草山、放牧地は、集落からの距離や日当たりなどによって利
用し分けられていた [14]。生草を用いる夏草は重いため、夏草山は家の近く
に、干草山は日当たりのよい南向きや東向きの斜面にあった。また放牧地

---

ii）伝統的で持続可能な農林水産業の営みやその知識・技術・文化を保全するため、世界的に重
　要な地域を国連食糧農業機関（FAO）が認定するもの。

写真4-5　開田高原の採草地の火入れ

は、集落から比較的離れた場所にある場合が多かった。干草山では、隔年
で春に火入れ（野焼き）、秋に採草を行い、刈りとりの翌年は休ませた。
その作業は、本章冒頭のマンガにあるように、今でも開田高原の一部で続
けられている。

　春の火入れでは、まず周囲への延焼を防ぐため、防火帯の枯草を刈る。
それから斜面上部の縁を風下から風上に向かって焼きながら（**本章扉写
真**）、少し遅れて風下側の縁を上端から下端まで、さらに風上側の縁を上
端から下端まで焼く。その後、斜面下部の縁の両端から中央へと火を入れ、
下から燃え上がる炎で斜面全体が焼かれる（**写真4-5**）。先に焼かれたと
ころに火が達すると、ほぼ自然に鎮火する。防火帯の境の燃え残りの炎は、
葉のついたイチイなどの枝先ではたくようにして消す。これが経験豊富な
住民をリーダーとする連携作業で行われる。

　秋に干草をつくるときには、手鎌で草を刈りながら、刈った草の露が落
ちやすいよう穂先を斜面下向きに少し広げて置いて並べた[15]。2、3日天
日で乾燥させた後、その草を集めて束ね、「ニゴ」に積んで干した。ニゴ
は、地面に高さ3mほどの杭を立て、草束をこれにゆわえながら積み重ね
たものである。こうしてつくられた干草は、約1か月後に草小屋に運んで
保管された。干草山には、春の火入れの後、ワラビ、フキをはじめとした

山菜が育ち、広く採取されていた。夏にはキキョウ、カワラナデシコ、オミナエシなどが咲き（写真4-4）、盆花として供えられた。

　このように、木曽馬と草地にかかわる豊かな文化が育まれてきた開田高原にも、20世紀中葉以降、社会と経済の大きな変化が及んだ。開田高原に残る草地の統計上の面積は5.2 haであり、20世紀中葉の約0.1％である。現在の木曽馬の飼育頭数は30〜40頭とされ、その多くが「木曽馬の里」などでの保存・活用事業によるものである。この変化の背景には、木曽馬の飼育をしてきた農家の高齢化があり、草が資源として使われなくなった生活の変化がある。

　木曽馬の文化は、半自然草原の豊かな生物多様性を支えてきたことが最近の研究でわかっている[16, 17]。開田高原には、今も伝統的な干草山の管理、隔年での春の火入れと秋の採草が続けられている場所がある。こうした管理を行っている場所では、火入れのみ、あるいは草刈りのみで維持されている草地や、管理されずに森林化しつつある場所に比べて、夏に咲く花や希少種の種類が多い。そのなかには全国的に希少なものも含まれており、隔年の管理が続けられている草地は長野県の条例により保護区に指定されている。しかし、草原性の希少種の生息地としては狭すぎる。

　木曽町では、国内の多くの農村と同じように人口が減少している。しかし、歴史的に受け継がれてきた地域の魅力を住民が理解し、誇りと希望をもって地域づくりに活かしていこうという考え方が共有されつつある。そうした考え方を踏まえて、開田高原では木曽馬の保存・活用と草地の保全・再生、かつての暮らしの感じられる景観づくりをめざしたとりくみがなされている。そのひとつに、隔年での春の火入れと秋の採草を再び導入し、刈草をニゴに積んで干草をつくる干草山の管理活動がある（**写真4-6**）。また、都市からの訪問客にも木曽馬に親しんでもらえるよう、開田高原の人目にふれやすい場所で木曽馬を夏に放牧するとりくみもはじまっている（**写真4-7**）。

　これらの活動は地域のシンボルともいえる木曽馬や伝統的景観の再生を伴うため、地域住民にも期待されている。夏には採草地に花が咲き、木曽馬が放牧され、秋にはニゴに干草が積まれる風景がより広く再生されることになれば、木曽馬をめぐる生物文化多様性が可視化され、開田高原の地

写真4-6　ニゴづくりの復活
〔写真提供：ニゴと草カッパの会〕

写真4-7　木曽馬の放牧（2018年）

域の魅力をより高めることになるだろう。

　このとりくみでは、木曽馬の保存・活用にかかわる人々、地域の高齢者、移住者、関心をもつ近隣の市民、草地の保全・再生にかかわる研究者、行政の担当者など、多様な関係者のつながりが生まれている。希少種を保護区に囲い込んで守るという発想だけでは、このような展開は生まれにくい。

歴史的に育まれてきた地域の文化が、生物多様性の保全にとっても確かな手がかりとなりうること、またその文化を支えてきた在来知が地域づくりのための知識となることを、開田高原のとりくみは示している。

4-4 これからの農村と生物文化多様性

　最後に、ここまでの流れを踏まえて、これからの農村の地域づくりに生物文化多様性がどのようにかかわるのかを考えてみよう。

　日本で里山の手入れがあまりなされなくなり、草地が消えたのは、薪炭材や草などの身近な資源を使う生活が、産業が生み出すモノを使う生活に置き換えられたためであった。しかし、明治以来の近代化もその折り返し点を過ぎ、人口減少のはじまった今世紀、人々が農村に求めるもの、農村での人と人とのかかわりのあり方にも変化が生まれている。

　その変化を映し出すいくつかの動きがある。若者たちの「ローカル志向」はそのひとつである。近年、都市居住者で農山漁村に移住したいという希望をもつ人々が増えているという調査結果があり、「田園回帰」志向の高まりが指摘されている[18]。また、ここ数年は訪日外国人旅行者が急増しており、農村でもその姿を目にすることが多くなった。近代化に突き進んだ時代から、人々が暮らしや生き方に求めるものが変化しつつあり、そのなかで農村のもつ価値が新しい視点から見出されつつあるということであろう。

　それをひと言でいえば、農村が「モノ」以上に「コト」を生み出す場所として、再発見されつつあるということではないだろうか。日本の世帯別支出の内訳は、モノの消費（所有）からコトの消費（体験）へと、過去数十年に比重を大きく移している。つまり、人々が生き方のスタイルとして求める価値がモノからコトへと移りつつあり、そのなかで農村の自然や文化といった地域資源のもつ価値が再発見されつつあるということである。

　都市からの旅行者の目にふれやすい農村の特徴のひとつは、「自然」が豊かであることだろう。そこでの体験は農村の文化と自然がつながっている場での生き方を気づかせてくれる。もしそうなら、現在各地で行われて

いる食や伝統行事を素材とした地域おこしのとりくみでも、自然と文化の特色ある結びつきに光を当て、外に発信するストーリーをより深めることができるはずである。

　ヨーロッパ諸国では、数十年前に農村への人口の還流がはじまった[19]。たとえばイタリアでは、アグリツーリズモと呼ばれる農村観光や伝統的な食材・料理の復興と環境への配慮を掲げるスローフード運動、有機農業の推進などが、特色ある農村の再生を促し、都市からの移住者や成熟したバカンス市場の受け皿となってきた[20]。歴史的・文化的な景観の保護政策、環境保全型農業への政策的支援もこうした変化を下支えし、美しい農村景観が各地に生み出された。また、人が農村に求めるものが変化した結果、食文化やサービス産業で優れた能力を発揮する人々の活躍の場が広がり、創造的な変化が促されている。脱近代の時代を迎えた日本で、これからの農村の姿を描こうとするとき、このような事例は参考になりそうである。

　都市の人々も、自然とつながりなおす生き方や文化を模索しはじめている。田園回帰がその志向のひとつの現れであるなら、世界の農村に残る生物文化多様性は、都市と農村の関係を変え、ローカルな暮らしの魅力や力強さを再生させる動きのひとつになりうる。グローバル化し、行き場を失ってあふれ出しつつある人間世界のパワーを、ローカルな場に再び着地させようとするとき[21]、農村が育んできた生物文化多様性は、人々が共有できる歴史の輪郭を指し示し、未来へのビジョンに向けた確かな礎となってくれるのではないだろうか。

参考文献

1）Pilgrim, S. et al.（2013）*Nature and Culture: Rebuilding Lost Connections*. Routledge, Oxon, xvii＋275p.

2）羽生淳子（2019）「3 在来知とレジリエンス－持続可能モデルへ転換する」公益財団法人日本生命財団編『人と自然の環境学』東京大学出版会, pp.41-60.

3）エコロジカル・フットプリント・レポート　日本 2009：https://www.footprintnetwork.org/content/images/uploads/Japan_EF_Report_2009_JA.pdf　［閲覧日2020年1月16日］

4）WWFジャパン. 日本のエコロジカル・フットプリント 2017 最新版：https://www.wwf.or.jp/activities/lib/lpr/20180825_lpr_2017jpn.pdf　［閲覧日2020年1月16日］

5）タットマン＝コンラッド／黒沢令子訳（2018）『日本人はどのように自然と関わってきたのか－日本列島誕生から現代まで』築地書館, 359＋44p.

6）藻谷浩介・NHK広島取材班（2013）『里山資本主義－日本経済は「安心の原理」で動く』角川書店, 308 p.

7）Pilgrim and Pretty eds.（2013）前掲書

8）羽生（2019）前掲論文

9）大森彌・小田切徳美・藤山浩編著（2017）『世界の田園回帰－11カ国の動向と日本の展望』農山漁村文化協会, 257 p.

10）小田切徳美（2019）「9　田園回帰と農山村再生－都市と農村の関係を変える」公益財団法人日本生命財団編『人と自然の環境学』東京大学出版会, pp.171-185.

11）Pilgrim, S. et al.（2013）前掲書

12）須賀丈・岡本透・丑丸敦史（2019）『草地と日本人【増補版】－縄文人からつづく草地利用と生態系』築地書館, 256 p.

13）浦山佳恵（2018）「開田高原の昭和三〇年代の草地利用」『長野県民俗の会会報』41, pp.67-80.

14）浦山（2018）前掲論文

15）浦山（2018）前掲論文

16）Nagata, Y. K. and Ushimaru, A.（2016）Traditional burning and mowing practices support high grassland plant diversity by providing intermediate levels of vegetation height and soil pH. *Applied Vegetation Science* 19, pp.567-577.

17）Uchida, K. et al.（2016）Threatened herbivorous insects maintained by long-term traditional management practices in semi-natural grasslands. *Agriculture, Ecosystems and Environment* 221, pp.156-162.

18）小田切（2019）前掲論文

19）大森・小田切・藤山編著（2017）前掲書

20）宗田好史（2012）『なぜイタリアの村は美しく元気なのか－市民のスロー志向に応えた農村の選択』学芸出版社, 239 p.

21）ヘレナ・ノーバーグ＝ホッジ・辻信一（2009）『いよいよローカルの時代－ヘレナさんの「幸せの経済学」』大月書店, 175 p.

第5章

都市と生物文化多様性

人口が集中し、高度に開発されてきた都市では、生物文化多様性が見えにくくなっている。とはいえ、都市が経済や文化の創造的な場を生み出し、都市と農村の関係を持続的に維持していくためには、都市からも生物文化多様性を考えることが欠かせない。都市は科学技術の発展や生活、文化の創造によって常に変化し続ける場所であり、生物文化多様性は都市の持続可能性を支える存在である。豊かな社会と生活の持続可能性のために、都市計画にどのように生物文化多様性の考え方をとり入れていくべきかを考えてみよう。

金沢市の用水の都市景観

金沢の用水路

日本はうらやましいよな〜
水がこんなに豊富にあって。

そう？

シンガポールじゃ水を
マレーシアから
買っているんだよ。

へぇー
そうなんだ！

あ！

あー、落ちちゃった！

お気に入りなのに！

はい

ありがとう
ございます。

何をされて
たんですか?

用水の管理だよ。

水が下流の農地に
きちんと流れるように
チェックに来ているんだよ。

下流に水を流すだけなら
用水は蓋をしてしまえば
いいんじゃないの?

用水は金沢の歴史的景観のひとつなんだよ。

最近じゃ水辺の風景は
アーティストに
インスピレーションを
与えているそうだよ。

それに
夜になるとホタルも
見られるんだよ。

ホタルがいるおかげで
金沢の人たちは初夏の
夜を楽しむことができる。

都市の文化にとっても
自然は重要なんだね。

都市から生物文化多様性を考える

　本章では、主に都市から生物文化多様性を考える。都市とは、経済や文化を中心とした活動とそれを行う人が集中する場所[i]である。国連の調査によれば、都市人口は年々増加しており、現在では世界の半数以上、日本に限れば90％以上が都市住民だといわれている[ii]。このように、増加する人口に合わせて開発が行われ、自然環境から遠くなってしまった都市では、生物多様性と文化多様性の相互作用である生物文化多様性がますます見えにくくなっている。特に、都市は産業をはじめとした近代化の過程でより整然とした場を求め、生物文化多様性を体現するような混沌とした場を数多く失ってきた。たとえば、都市の近代化が加速するなかで、政府の命令でとり壊されそうになっている神社の森を守ろうとした南方熊楠は、神社が固有の天然植物帯を残す唯一の場所であると指摘し、近代化した神社を「混雑錯綜した」「セメントで砥石を堅めた手水鉢多き俗神社」と批判している[2]。都市への人口集中と近代化が進むなかで、南方が危惧するような動きは加速してきた。そして、都市の生物文化多様性は、より都市住民が実感しにくいものになっている。

　しかし、だからといって都市から生物文化多様性を考えることの重要性が失われたわけではない。都市に人口が集中していることは、都市が現代の生態系に与える影響が拡大していることでもある。自然豊かな地域の資源に支えられて成立する、生活・消費の場である都市に注目することで、農村との相互作用も含めて生物文化多様性を理解することができる。逆に、生物文化多様性から都市の発展を考えなおすことで、持続的で豊かな都市生活や、経済や文化が発展する創造的な場を生み出していくことができる。

　では、都市の生物文化多様性をどのように考えていけばよいのだろうか。

---

i) 建築用語辞典（1993）[1]では、都市は、人口が集中する場所であり、地域の社会的、経済的、政治的な中心として、施設や産業が集中する場所だと定義されている。

ii) 2015年の国勢調査によれば、市部人口は1億1,613.7万人と総人口の91.4％を占め、郡部人口は1,095.8万人（8.6％）となっている。

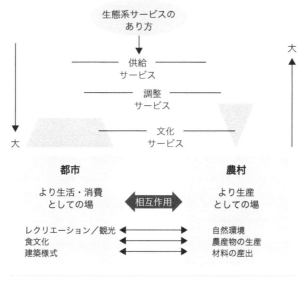

図5-1　都市と農村における生態系サービスとの関係

　まず、「生態系サービス」というキーワードから都市とそれを支える自然
豊かな農村との関係を捉えなおしてみよう。第2章で説明したように、生
態系サービスとは生態系から人に与えるさまざまな便益を示すものである。
なかでも供給・調整・文化の3つのサービスに焦点を置いて考えてみると、
図5-1のように、都市と農村ではサービス提供の意味や享受するサービ
スの重みづけが異なる。これは、農村が生産の場であり、都市が生活や消
費の場であるという性質のちがいから生じるものである。そして、都市と
農村はそれぞれの地域のなかだけで閉鎖的に生態系サービスが完結してい
るわけではなく、サービスや機能を補完し合う相互作用をもっている。た
とえば、農作物が生産されて近隣の都市で食文化が発展することや、周辺
地域で生産された木材や瓦などの材料をもとに都市独自の建築スタイルが
形成されることは、供給サービスの相互作用の好事例だろう。とりわけ地
域特有の伝統的な建築様式は、気候や自然条件に合わせて家屋の形式が選
択された結果でもあり、都市とその周辺地域の生態系の調整サービスとも
密接に関係している。
　今度は視点を変えて、文化を生み出す場としての都市の特徴を考えてみ

よう。都市はさまざまな人々が交流し、多様な文化が生まれる場である。農村では、伝統的に土地やコミュニティを維持するための生産活動に結びついて文化が生み出されていたのに対して、都市では居住者だけではなく、そこを訪れる人も参加して文化が創造されている。このように、農村と比較して開放性の高い都市では、居住者以外も含めて多くの人々が交流する環境にあり、文化と文化が交差し、地域固有の生態系が地域外の人々を触発したりすることで、新しい文化が加速度的に生み出されている。この点に関して、第3章では「文化の相互作用の充実度」を評価するフレームワークとして、生物文化多様性が活用できることを指摘し、生物文化多様性を都市も含めて考えることの意義を説いている。

このように、都市の性質を生態系サービスと文化の両者から捉えなおしてみると、都市の生物文化多様性には関与する圏域の大きさによって、少なくとも2つの種類があると整理できる。第一に「大きな圏域」、すなわち広域での都市と周辺環境の相互作用に基づく生物文化多様性である。これは、国土レベルや河川の流域レベルの圏域を考えるときのスケールで、文化や経済活動の中心地としての都市と、生態系サービスを供給する農村との相互作用を考えることである。第二に、都市内での地域や地区レベルの「小さな圏域」の生物文化多様性である。これは、都市の空間内部の文化多様性と生物多様性の相互作用を考えていくことである。

本章では前述の整理をもとに、都市をハードの側面からコントロールする都市計画的視点と、都市をソフトの側面からマネジメントする都市政策的視点の両面から、都市の生物文化多様性を考える。ここでいう都市計画的視点とは、主に市街地の形成や都市内緑地の保全などの土地利用に関することである。また、都市政策的視点とは、文化の活用・保全の方針や市民活動を生み出すしくみに関することなどに着目することである。

これらに基づいて、まず本章の第2節では大きな圏域で伝統的な都市と農村との相互作用が弱体化している現状とその要因を都市計画的視点から説明する。そのうえで、生態系と文化の相互作用の可視化を積極的に行い、生物文化多様性をもとに都市の発展をめざす創造都市を都市政策的視点から紹介する。第3節では、地域レベルの小さな圏域に着目して、生物文化多様性の回復や表出のための具体的なとりくみを概観していく。ここでは、

まず都市内自然の役割や保全のしくみを説明し、その後に事例として石川県金沢市の景観政策と用水保全の実態を説明する。そして、第4節では全体を踏まえて、都市における生物文化多様性のあり方を考えていく。

大きな圏域で考える生物文化多様性 －生態系と文化の相互作用

都市を中心とした大きな圏域のなかで、都市と農村の間にどのような相互作用が存在しているのか考えてみよう。まず、都市と農村との伝統的な相互作用が弱体化している現状とその要因を土地利用から考える。都市計画は土地利用をコントロールすることによって、経済活動の集積や豊かな居住環境の形成を試みてきた。しかし、都市的な土地利用は単独で成立しているわけではなく、常に周辺環境とさまざまなサービスの交換を行うことで実現されている。一方、都市政策的視点からは、政策として周辺の生態系と文化の相互作用を可視化してきた事例として、創造都市という戦略から生物文化多様性を考える。

1. 都市計画的視点 — 土地利用から考える生物文化多様性の役割

1. 都市周辺地域の土地利用の変化

都市の開発と農村の土地利用は、相互に影響を与えながら進展してきた。前述のように、都市とは高密度で人が居住し活動する場所を意味する。そのような場所を形成するためには、都市を一定範囲に制限して人口の集中を促すとともに、安定的な居住や経済活動を支えるための農地や里山などが必要であった。都市の周辺地域に位置する農地や山林は、都市への物資や労働力の供給源としての社会的つながり、また負の生態系サービスや自然の脅威（「自然のもたらすもの（NCP）」第2章参照）に対する緩衝地帯としての環境的なつながりをつくる。そして、このつながりによって、都市周辺地域の人々の暮らしや土地利用も大きく変化してきた。

その例として、東京の後背地として発展してきた荒川流域圏（埼玉県さ

いたま市周辺）の土地利用と都市との関係の変化を見てみよう[iii]。7世紀頃から武蔵国（むさしのくに）と呼ばれていた現在の埼玉県の大部分では、中世になり土地の私有が認められると荘園や郷が成立し、武蔵武士による流域一帯の農業開発が行われた。そして、戦国時代に入ると、本格的な館（やかた）や城の築造がはじまり、江戸時代には「江戸の米蔵」に加えて、幕府の北方の防衛拠点や交通の要衝としての役割が生じる。また、荒川の制御と埼玉東部平野のさらなる水田開発のために「荒川の瀬替え」という大規模な治水事業が行われると、多くの新田村が生み出されたが、河川敷の集落の移転や大規模水害が頻発した。そして、明治時代以降、東京への急速な政治・経済の集中が起こると、荒川流域圏でも宅地の増加が早いペースで進み、戦後の復興期には住宅・交通政策が未整備のなかで宅地開発がスプロール状に進行していった。

　このように、都市周辺地域は都市の影響を大きく受けながら、土地利用や機能が大きく変化してきた。ただし、少なくとも近代初頭までは、都市はさまざまな生態系サービスを供給する周辺の農村を、また逆に周辺地域は経済の中心としての都市を求めている。そして、この両者の間に貨幣や労働を媒介とした自然資源と経済的利益の交換が成立することで、都市と周辺地域はそれぞれ発展してきた。

　しかし、この関係はモータリゼーションやグローバル化の進行に伴って大きく変容する。現代の都市は、世界中から安価な食料やエネルギーを得られるようになり、都市が周辺地域に生産物の供給を求めることが必ずしも必要ではなくなった。その代わり、都市が周辺地域に期待するものは都市居住者のための緑地空間や防災のための遊水地など、公益性の高いものに変わった。たとえば、前述した埼玉県の広大な農地に対しては、農業生産物の供給だけではなく、治水や防災、都市住民のレクリエーション、歴史・文化の継承などの多面的な機能が期待されている[iv]。このように、農地を所有する農家は必ずしも農業から十分な収入を期待できないにもかかわらず、都市のための土地の維持管理と公益的な役割を求められる存在に

---

iii）埼玉県（1987）[3]などを参照。

iv）ここでは埼玉県の土地利用基本計画や都市計画マスタープランを参考に、埼玉県の見沼田んぼという大規模農地に期待する事項を抽出した。

なってしまったのである。

2. 農地に期待される機能と担い手のずれ

　都市と周辺地域との関係性を考えるうえで、改めて認識しなおさなければならないことは、周辺地域の多くの土地が農業や林業に従事する人々の私的所有物だということである。特に、周辺地域で農林水産業が営まれることで、十分な生態系サービスが都市に供給されてきた。このため、農林業従事者が土地の維持管理についてのメリットを十分に認識できなくなると、生態系サービスを維持するために行ってきた活動は次第に少なくなっていく。さらに、日本の農村の多くは、農家の高齢化と担い手不足に苦しんでおり、耕作放棄地や維持管理されない里山などの生態系が増大しているv)。

　このように、従来の都市と農村の関係性が崩壊したにもかかわらず、都市側は農村に多面的な機能をさらに求め、農家が十分な対価を得られずに土地の維持管理を背負わされているのが、現在の都市周辺地域の現状である。今後、地権者や農業従事者にとって有益な不動産として存在してきた農地や林地が、都市が求める生態系サービスを提供するためだけに維持管理されるとは考えにくい。現在の都市周辺地域は、私的所有の土地による公益性の提供という矛盾した役割を求められる状態なのである（**図5-2**）。

　それでは、どのようにすれば今後も周辺地域の生態系の維持管理を持続できるだろうか。農地に多面的機能という公益的な役割を求める場合、理想的には国や行政などの公共セクターが農地を維持管理することが、公益性を担保するうえで望ましいと考える人は多い。しかし、公共セクターだけで農地の維持管理を行っていくことは、資金面からも現実的ではないことは明らかである。このため、基本的には農家という民間セクターの自己努力に維持管理を託すことが考えられる。

　これまでは、都市計画法や農業振興地域制度をはじめとした土地利用規制によって、民間セクターの開発を規制・誘導することで、都市と農村の

---

v) たとえば、農林水産省『農業労働力に関する統計』の推計によれば、65歳以上の農業就業人口は120万人（2018年）にのぼり、総農家人口の68.5％を占めている。このことが一因となり、荒廃農地は2017年には28.3万haにまで増加している。

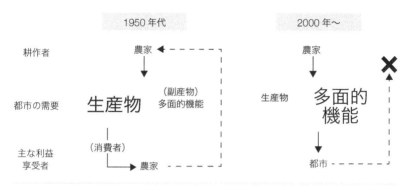

図5-2 都市周辺農村の公益性の管理負担と利益享受者のずれ

関係を維持してきた。たとえば、1968年に制定された新都市計画法では、「区域区分制度」という土地利用規制を創設し、都市計画区域内で「優先的かつ積極的に市街化すべき地域（市街化地域）」と、「当面できる限り市街化を抑制すべき地域（市街化調整区域）」を区分している。

　しかし、これらの土地利用規制は、主に建築による土地利用を前提とした受動的な規制であり、土地需要が高くなければ効力を発揮できない。現在の日本の土地利用規制は禁止する用途を規定するものであり、あるべき用途を示すものではない。それは、市街化調整区域で高層ビルの建設を止めることはできるが、農地としての利用を強要することはできないことを意味する。つまり、開発需要が減少している現在、開発を前提とした土地利用規制だけでは、農村の高齢化や担い手不足などが原因の遊休地の問題は解決できない。星は、このような現代の社会環境とその課題の変化を考慮し、今日の土地問題を「適正な利用に供されないことから生じる、社会生活上の無秩序と不公正の諸現象の総体に加え、持続型社会の形成に向け、利害を有する者相互の関係、あるいは土地を巡っての所有と利用等の社会関係のあり方」[4]と定義している。すなわち、利用されない遊休地などの土地をいかにコントロールし、持続型社会を形成していくための社会制度やしくみを構築していくかが、現代の都市とその周辺地域を含めた土地問題だといえる。

　土地利用規制による十分なコントロールが期待できない現在、都市と周辺地域の関係をどのように構築していけばよいだろうか。都市から生物文化多様性に着目することは、関係構築のための重要なアプローチである。生態系と文化のつながりを意識的に変容していくことや、持続的な資源管理をするための環境・制度の構築が期待される。

　このような変容を生み出していくには、これまで都市を中心に土地利用や建築のコントロールを行ってきた都市計画も、都市と周辺地域の生物文化多様性の枠組みをもとに考えなおされるべきである。その際に、人口減少期に突入した日本では、周辺地域に求める土地利用や都市の望ましい空間像だけを提示するのではなく、その土地に住む人々の土地との相互作用を促進するシステムを都市計画に盛り込むことが重要となるだろう。

　このひとつの例が、都市と周辺地域の新たな相互作用の創出に向けて、国や都道府県が推進している「都市と農村の共生」である。それは、グリーンツーリズムや子どものための農村体験、農業と医療の連携など、都市と農村の文化サービスと生態系サービスの相互作用のための土地利用や都市政策を推進する考え方である（**写真5-1**）。

　この考え方に関しては、都市農業の振興に限っても、2012年の都市計画制度小委員会で都市農地の必要性が明記され、2015年に都市農業振興

写真5-1　都市住民と農家の共同耕作（埼玉県さいたま市）

基本法が成立するなど、国土交通省と農林水産省の両者で検討が行われている。もちろん、このような都市の文化と農村の生態系との関係構築に向けた動きはまだ端緒についたばかりであり、「都市農業政策と連携した、農地と宅地が混在するエリアの空間管理や市民参加型のしくみ」が欠如しているなど、地域ごとの空間像や維持管理が示されるまでには至っていない[vi]。しかし、都市と農村の有機的な関係性を模索するようなとりくみが、国や都道府県において少しずつはじまっていることは注目に値する。

　また、生物文化多様性については、これまでは里山や里海の資源管理や、その集落組織のしくみに集中して研究が進展していた。しかし、近年では持続可能な社会と経済における土地利用を考える「グリーンインフラ」や、経済と環境の相互利益をめざすSDGsなどの、都市にかかわる議論が脚光を浴びはじめている。この議論のなかでは、農村の伝統的な資源管理のしくみをそのまま都市に当てはめるのではなく、農村で得られた知見をもとに、都市の価値観に適した新たな解決策が検討されている[vii]。

　このように、都市と周辺地域の大きな圏域の生物文化多様性を考えるには、本節でとり扱った都市と周辺地域の相互にかかわる土地問題を解決するような、都市と農村を貫いた考え方が求められることになる。そのため、生物文化多様性の議論を一層深めて、都市と周辺地域の相互作用をもとに、両者の持続的な発展に本格的にとりくんでいかなければならない。

2. 都市政策的視点－創造都市で生物文化多様性を可視化する

　このように、大きな圏域で成立していた都市と農村との相互作用は、産業構造の変化などを背景に弱体化しているが、都市を生物文化多様性から価値づける試みも生まれてきている。そのひとつが創造都市と呼ばれる都市政策である。これは、地域固有の文化を資源として捉え、都市再生につ

---

vi) 都市農計画制度小委員会（2012）[5]などで言及されている。
vii) たとえば、グリーンインフラ研究会ほか編（2017）[6]では、グリーンインフラを「自然が持つ多様な機能を賢く利用して、持続可能な社会と経済の発展に寄与するインフラや土地利用計画」と定義して、都市も含めて新たな自然の多面的機能の活用方法を検討することによる生態系などの保全の重要性を述べている。

なげていくための概念であり、資源となる都市の文化は、周辺環境との相互作用によって多様に形成されてきた。各都市の固有な文化の存在は、その都市での広域での生態系と都市の相互作用の豊かさを反映するものでもある。このような生物文化多様性を可視化する試みでもある創造都市の実態を見てみよう。

1. 生物文化多様性の可視化と創造都市

　創造都市とは、「文化と産業の創造性に富み、市民一人ひとりが創造的に働き、暮らし、活動する都市」[7]と定義されている。これまでに、ユネスコの創造都市ネットワークによって世界246の都市（2019年現在）が創造都市として登録され、文学、デザイン、工芸（クラフト）とフォークアート、映画、音楽、メディアアート、ガストロノミー（食文化）に分類されている。分類からわかるように、生態系サービスと都市文化との相互作用は多様なかたちで可視化されうる。たとえば、生態系と文化の相互作用は、その現象を捉えて、文学や映画によって表現されることがある。また、相互作用が抽象化されていくと、それらは音楽やデザインに埋め込まれる。特に直接的に相互作用が見えやすいのは、工芸とフォークアート、ガストロノミーなどで、材料の供給と加工が中心である。日本でガストロノミーの分野で創造都市に登録されているのは山形県鶴岡市で、そこでは地形や四季が生み出す豊かな食材に基づいた食文化が形成されている。

　生態系サービスと都市文化の相互作用の可視化が特に理解しやすい創造都市の「工芸とフォークアート」の分野に着目してみよう。日本で工芸とフォークアートの分野で登録されている都市は、丹波焼の文化をもつ兵庫県丹波篠山市と武家文化が息づく石川県金沢市である。工芸とは、「いろいろな地域で発展してきた高度な技術を要する伝統的な表現形態」[8]であるが、その独自性は伝統的に土地に根ざした材料が用いられることで表現される。たとえば、陶芸には多様なスタイルが存在しているが、そのちがいを生み出してきたもののひとつは、材料となる土の成分である。有名な中国の景徳鎮の陶器は、真っ白な輝きを生み出す土の成分によって、その特別さが演出されている。また、工芸をつくる手法がその場所の自然環境と結びつく場合もあり、たとえば着物を染める際に使用した糊（のり）を川で落と

93

すなどの風習が、その都市の「文化的景観」viii)として評価されている。このような都市の文化を資源として価値づけるため、創造都市という都市政策は生態系サービスと文化のつながりを意識的に可視化していると考えられる。

2．生態系と呼応した創造都市の事例－アメリカ合衆国サンタフェ市

　一例として、工芸とフォークアートの分野の創造都市に登録されているアメリカ合衆国ニューメキシコ州サンタフェ市から、周辺環境の生態系サービスと都市文化との相互作用を見てみよう。サンタフェ市は、アメリカ人が訪れたい国内の旅行先として上位に選ばれる有名な観光地である。

　観光客を惹きつけ、サンタフェ市を特徴づけるもののひとつが、周辺環境の生態系から生まれたレンガ建築のユニークな景観である。**写真5-2**にあるようなレンガの建築は建築家が設計したものではなく、当時砂漠のなかでも何とか手に入れることができた土を使ったレンガを建築材料に用い、地域が独自に生み出したものである。このスタイルは「アドベ建築」

写真5-2　サンタフェ市のレンガ建築のユニークな景観

---

viii) 地域における人々の生活又は生業及び当該地域の風土により形成された景観地で我が国民の生活又は生業の理解のため欠くことのできないもの（文化財保護法　第2条第1項第5号）と定義される。

と呼ばれ、中東などでも見られる。サンタフェ市内を歩くと、このアドベ建築のスタイルでデザインされた建物が並んだ街並みを目にすることができる。それらは表面の凹凸が激しく、強い日差しのなかで深い影をつくっており、まさに気候のなかでつくられ、気候のなかで映える景観を形成している。

　このような周辺環境と呼応する景観を守るために、サンタフェ市では全米における動き（全米歴史保全法 National Historic Preservation Act, 1966）よりも10年近く前に「歴史的景観規制地区条例（Historic Zoning Ordinance）」を1957年に制定している。2014年に筆者が行ったサンタフェ市関係者へのインタビューによれば、市内の20％がこの歴史的景観規制地区に指定されていた。観光都市としての破壊や開発圧力にさらされながらも、行政が強制力をもつことで、生態系がつくり出したレンガのアドベ建築の景観が守られている状況にある[9]。

　このような伝統的なアドベ建築による景観をもつサンタフェ市は、創造都市の工芸とフォークアート分野に登録されている。サンタフェ市のフォークアートは、もともと土地に根ざした生活を送っていた、プエブロ（共同体）と呼ばれる定住型のネイティブ・アメリカンの文化である。フォークアートには陶器や織物、ジュエリーなどがあるが、たとえば陶器に宗教的模様が描かれていたり、大切な存在である精霊のイメージが木彫りされていたりするなど、自然のなかでの生活を反映した文化を生み出している[10]。これらの文化は、プエブロの立地する地域の生態系サービスに支えられて存続しており、土地に根ざした多様な共同体の存在が、生物文化多様性を支えている。サンタフェ市はそのなかに位置するひとつの都市として、多様な「プエブロ文化」を形成してきた。都市内には、フォークアートのマーケットや学校などが点在しており、文化を保護・育成することで、都市が生物文化多様性から生まれる創造性を支えている。

　しかし、このような豊かな相互作用を可視化する試みである創造都市を政策として展開していくなかで、サンタフェ市ではいくつかの課題も出てきた。第一に、地価の高騰である。ユニークな景観と文化資源のすばらしさゆえに、観光地化されることによってアートギャラリーなどの来訪者の需要に応えた土地利用が進み、地価が高騰している。第二に、住宅の不足

である。サンタフェ市は、1992年に歴史的景観規制地区内の建物の高さ規制を設けたことにより、中心部では2〜3階の建物しか建てることができなくなった。このことで住宅供給も減少し、中心部である歴史的景観規制地区内に住み、働きたい人への住宅供給が不足している。第三に、建築費の高騰である。生態系サービスとの相互作用を可視化するアドベ建築の建物は、標準的な建物を建てる場合よりも費用がかかる。このため、もともとこの場所で生活をしていた先住民や若い世代が新しく住居を構えることが難しくなり、地区には一部の裕福な人だけが残るようになった。これは、文化を支えてきた都市の多様性の喪失であり、土地に根ざして生まれる文化の存続危機にもつながっている。

　来訪者を魅了する文化や景観を維持していくのは、そこに居住する人々である。特徴的な周辺環境が生み出す生態系サービスを活かして生まれたサンタフェの文化だが、生物文化多様性を可視化し、文化資源を強調することで、結果としてもともとその場所に住む人々が生活を続けることが困難になっている。これでは、魅力的な場所をつくり上げてきた都市文化と生態系の相互作用を持続していくことはできない。

　サンタフェ市の事例は生物文化多様性を維持するうえで、「人」の重要性を教えてくれる。多様な人が都市に居住していることは、創造的な都市文化と生物文化多様性を支えていくために最も重要な要素のひとつである。生態系サービスをもとに都市の価値を向上していくには、生物文化多様性そのものだけではなく、人々の暮らしの継続にも注視していかなければならない。

5-3　小さな圏域で考える生物文化多様性
　　　－都市内自然と関係づくり

　前節までは、都市と周辺地域の相互作用の弱体化と両者のつながりを可視化する都市計画と都市政策の動向を見てきた。ここからは都市という空間内部に焦点を絞って、小さな圏域で形成される生物文化多様性やその保全のとりくみを詳しく見ていくことにしよう。

どのような都市でも生態系サービスは日常生活のなかで存在し、その場所ならではの文化を形成している。本節では、まず都市内自然の保全と活用の事例から、都市内の生物文化多様性がどのように保全され、相互作用が形成されているかを確認する。その後、石川県金沢市を事例として、景観政策を通して維持されてきた都市の生物文化多様性を説明する。ここでは、景観資源のなかでも特に金沢市の中心部を流れる用水に着目して、用水を中心に生まれる生物文化多様性とそれが都市に与える影響を考える。

1. 都市計画的視点 ― 都市内自然による生物文化多様性の回復と活用

　都市にもいわゆる「自然」はたくさん存在している。たとえば、公園は街のなかに一定の割合で整備されており、大きな通りの両脇には街路樹が植えられている。河川が都市を横断し、豊かな緑が河川敷を覆っている場所もある。一戸建ての住居には小さいながらも庭があり、高層ビルの周辺や屋上にも緑地空間が整備されている。このような都市内自然は、都市計画的視点からどのように保全されてきたのだろうか。

　これまでの都市計画では、都市化の過程でどのように自然環境を保全していくかに苦心してきた。たとえば、戦後すぐの1946年に東京都心部では、緑地地域内に低密度の住宅しか建設できない緑地制度という規制が設けられた。しかし、この制度は規制力が弱かったこともあり、違反建築が後を絶たず、緑の保全効果はほとんど認められなかった[11]。また、1956年の首都圏整備法では、イギリスのグレーターロンドンプラン（大ロンドン計画）を参考に、東京都市圏の周縁を緑地帯（グリーンベルト）で囲って都市の拡大を抑制することが計画された。しかし、この計画も開発が制限されることを危惧した土地所有者の反対などによって、実現に至ることはなかった。

　一方で、冒頭でも触れた神社仏閣の自然は、境内を公園指定することによって、部分的ではあるが緑を残すことに成功している。また、日比谷公園などのように、都心部で新しい公園の整備計画を作成し、官庁などの新規開発を抑制した事例も存在する。近年では、「地区計画」や「景観条例」などによって、地区ごとに、ある程度まとまった自然環境を保全するため

の制度も整いつつある。このように、日本では計画的に自然を残すことに成功したというよりも、新たな都市開発を契機として、街のなかの自然を管理するという考え方や保全の枠組みを徐々に形成してきた[12]。

　また、このような都市内自然の保全と合わせて熱心に議論されてきたことは、居住者と都市内自然との積極的な関係づくりである。そのなかでも有名なのが、19世紀末から20世紀初頭にエベネザー・ハワードによってイギリスで提唱された「田園都市」であった。田園都市とは、文字どおり田園と都市をかけ合わせたもので、自然豊かな田園地域で働き、住み、都市的な文化経済活動の実現をめざした都市構想である。このような都市構想が生まれた背景として、産業革命後の工業化に伴う都市環境や住環境の悪化が社会問題となったことが挙げられる。ハワードは、遠距離通勤や失業、大気汚染などのさまざまな都市問題を解決するために、3万人程度に都市人口を制限した自然豊かな自律的な都市を構想し、その考えを書籍にまとめて1902年に出版した。この書籍のなかで、「町の廃棄物は敷地の中の農業部門で活用」して、そこで採れた農作物を近接した市場で提供するという、居住者と都市内自然を結びつけて地産地消を行う社会システムの提案が具体的になされている[13]。その後、ハワードは投資家を募って、ロンドン近郊部のレッチワースでこの都市構想を実現する。この考え方は、日本の高級住宅地・田園調布にも援用されている。

　他方、計画された都市の多いアメリカでは、居住者と都市内自然との関係づくりが緑のネットワークとして計画されてきた。都市内での自然環境形成戦略のひとつとして、ニューヨークのマンハッタン地域を見てみよう。マンハッタンの中心部には、「セントラルパーク」という南北4kmに広がる巨大な公園が、19世紀の都市計画によって、もともとの地形や岩石などを活かしながら整備された。この巨大公園の特徴のひとつは、公園によって地価上昇の恩恵を受ける周辺住民が公園の整備費の一部を負担したことである。これは、自然が都市に与える好影響を巧みに利用して、都市内自然の維持を達成する先駆的事例といえるものである。近年では、セントラルパーク周辺の高級住宅地だけが都市内自然の恩恵を受けるといった、いわば「緑格差」が都市内にあってはならないとの考えが中心になっている。そこで、全住民が徒歩10分以内で緑にたどり着ける緑のネットワー

ク整備が、ニューヨーク市の長期計画「PlaNYC2030」のなかで掲げられている[ix]。これらは都市生活のなかに自然環境があることの重要性を理解したうえでの計画であり、都市住民への都市内自然による生態系サービスの提供を意識したものである。このように都市と生態系の相互作用を活かした都市内自然の保全は、豊かな都市環境の形成のために戦略的に論じられている。

　さらに、このような都市内自然の保全や関係づくりの延長にあるのが、都市内自然を活かした都市の価値向上という視点である。近年、自然環境をとり入れた個性的な高層建築や公共空間は、都市デザインとしての力をもち、都市間競争力を向上する手段として捉えられるようになってきた。たとえば、東京都では、2014年に「植栽時における在来種選定ガイドライン～生物多様性に配慮した植栽を目指して」を発表した。このなかでは都心部において生物多様性や在来種による緑の空間演出を行い、昆虫など地域の生き物が生息できる環境をつくることや、オフィス街に「森」を創出していくことを促している。このような施策では、在来の生物種を守ることだけではなく、都市内自然の創出によって都市の個性や魅力を増進することも目的とされる。このような都市内自然は、都市内で積極的に生物多様性を回復・活用して都市の価値を向上するための戦略だと捉えられはじめている。

　もっとも、こうした都市内自然を活用した都市の価値づけは、日本だけで行われているわけではない。たとえば、シンガポールではホテルやオフィスなどの複合用途ビルで、緑の空間を巧みにとり入れた独自の建築空間が創出されている（**写真5-3**）。世界一の空港と評価されるチャンギ国際空港では、バタフライ・ガーデンやひまわりガーデンなどの広大な緑の空間が整備され、この維持管理のための自前のナーサリー（種苗場）や、専門の園芸スタッフが配置されている。空港から延びる高速道路も豊かな緑で覆われ、中心市街地まで続いているなど、緑にあふれた豊かな都市環境というイメージを確立することは、最先端の不動産開発や大企業の誘致に

---

ix) このニューヨーク市に代表されるような都市内の全住民の緑空間へのアクセス権を保障するとりくみは「10-minute Walk」という名で全米各地に広がりはじめている。

写真5-3　シンガポールにおける街中の緑化

　つながっている。このような都市内自然の計画的な整備は、シンガポール政府が主導する「ガーデン・シティ」戦略によって達成されたものである。ガーデン・シティ戦略とは、シンガポールが独立してまもない1965年にスタートした、積極的に緑を活用して都市の美観や生活の質を高め、投資や観光を呼び込む政府主導の都市戦略であった[14]。

　グローバル化が進展し、どこにいてもモノや情報が入手できる現代だからこそ、国際的な開発競争のなかで差別化を図るための、地域特有の都市内自然の重要性が高まっている。シンガポールでは、政治的なバックアップによって都市内自然が計画的に整備されていた。これはシンガポールが小さな都市国家で、都市空間のコントロールが比較的容易であったからこそ実現できたものであろう。今後、日本では都市の実情に合ったかたちで、都市内自然を創出や保全していくことが必要である。そして、他の都市にはない魅力を生み出していくために、生物文化多様性を意識した、その都市固有の緑の保全や維持管理のしくみが、都市計画によって戦略的に講じられていくことになるだろう。

1. 景観の生物文化多様性における意味

　ここからは、都市内の生態系と文化の相互作用を考えるもうひとつの視点として、景観に着目して生物文化多様性を保全する都市政策を見てみよう。都市をかたちづくり、特徴づけるもののひとつが景観であり、自然景観のみならず、都市景観であっても生態系によって固有のかたちが形成される部分も大きい。たとえば、伝統的な住宅の瓦屋根は、それぞれの地域の土によって色が異なる。風が強い地域では、防風林が伝統家屋を囲んだり、その防風林自体が建材として使われたりする。石垣で囲まれた沖縄の住宅も、生活としてのしきたりのためだけではなく、台風への備えとしての役割があり、石垣には石やサンゴなどその地域でとれる材料が用いられている。このように、その場所の生態系から生まれる資源が循環しながら、地域固有の景観が生み出されていくのである。

　こういった景観というものを生物文化多様性という視点からどのように理解すればよいのだろうか。樋口は「野生の自然」と人が好ましい生息地とする景観＝「生きられる景観」は異なり、自然条件と生活様式がその場所の景観を特徴づけていると論じている[15]。つまり、景観とは野生のままそこに存在しているものではなく、生態系と都市内の生活文化の豊かな相互関係に基づくものだといえる。このような人と自然との対立的ではない関係は、日本の都市景観の特性である。ここでは、生態系と文化の相互作用の一例として景観をとり上げ、具体的事例として石川県金沢市の保全政策を概観していきたい。

2. 金沢市における景観政策

　金沢市は地域性を反映した都市づくりのために、景観政策に早くからとりくんできたことで知られている。金沢市では、建築物や広告という生活文化上の構築物と斜面緑地や用水などの生態系管理の両側面から景観が議論されてきた。また、景観保全のための条例を策定することで、地域性を保持しながら重なり合う景観要素をコントロールしてきた。

金沢でいち早く1968年に制定されたのが、「伝統環境保存条例」である。これは京都や奈良とは異なり、「古都保存法」の対象外とされた金沢市が、自らの歴史的環境や自然環境の保全のあり方について独自に検討を行い、制定したものである。金沢市は、「伝統環境」とは「樹木の緑、河川の清流、新鮮なる大気に包まれた自然景観とこれに包蔵された歴史的建造物、遺跡およびこれらと一体をなして形成される市民の環境」（金沢における美しい景観のまちづくりに関する条例）と定義している。ここからも金沢市が歴史的建築と自然環境を一体とした景観形成を考慮していることがうかがえる。金沢市で景観保全に向けたとりくみが開始された当初は、「風致地区」（自然景観を守る制度）をベースとした保存区域の指定などが行われていたが、その後、建築規制などの景観へのとりくみが活発化していく16)。この時期は、バブル期のマンション建設などの開発圧力が目に見えてきた時期であり、開発から地域をどのように守るかという議論の盛り上がりが、以降の金沢市の景観を守るための条例へとつながっている。

　次に、生物文化多様性を考えるうえで特徴的な政策について見てみよう。まず、「斜面緑地保全条例」がある。斜面緑地とは斜面の緑であり、街中に立体的な緑の景観をつくり出すものである。この条例をもとに、金沢市は景観としての緑の連続性の維持だけではなく、動物や昆虫が生息する環境を守るための保全活動への補助なども行っている。斜面緑地という景観が金沢市に形成された経緯として、もともと金沢には河岸段丘がいくつも存在しており17)、この河岸段丘に沿って長い時間をかけて斜面緑地が形成されてきた。金沢市は、河岸段丘を形成する2つの川（犀川・浅野川）の川筋も「川筋景観」として保全区域に指定しており、街中の斜面緑地空間を一体的に保全している。

　このように、生態系との相互作用で形成された都市としての「生きられる景観」は、金沢市のなかで多様に保全されてきた。そして、それらが組み合わさった場の全体が、潤い・やすらぎ・憩いといった「アメニティ」とも表現される現在の心地よい都市空間を形成してきた。生物文化多様性と連動して形成される景観は、アメニティを都市内で形成し、条例で守られてきた。なかでも、周辺環境と都市の人々の相互作用が都市空間に表出しているのが、金沢らしい景観要素のひとつである「用水」である。

3．金沢の用水が生み出す生物文化多様性

　用水は、多主体が関与し空間的にも多様な広がりをみせる都市の生物文化多様性を考えるうえで参考になる事例である。この用水は、生活用水および工業用水を含む都市用水と農業用水に分けることができる。もともと農地であった場所が都市化したところでは、都市内に農業用水が残されている例もある。このようなところでは、灌漑用水の役割以上に、都市住民と用水の間にさまざまな相互作用が生み出され、多様な都市文化と特徴的な生活環境を形成している。

　現在、金沢市には55の用水があり、総延長は150kmあまりある。この用水と金沢の文化は関係が深い。たとえば、金沢市内を流れる用水のひとつの辰巳用水は、日本三名園のひとつである兼六園に400年以上も前から水を供給している。そもそも辰巳用水は板屋兵四郎によって、城内の防火や生活用水、さらには周辺地域の灌漑を目的として、1632年にわずか1年で開削された。用水が流れることで、客人の接待や宴を楽しむための庭園としての兼六園が加賀藩の何代もの藩主によってつくられた（**写真5-4**）。そして明治以降に市民に開放され、現在では金沢でいちばんの観光名所となっている。現在、兼六園では春にはコウバイやヤエベニシダレなどの梅や桜が、冬には雪吊りの風景などが訪れる人々に愉しまれている。時代の変化とともに用水の役割も変化し、庭園への水供給や防火から観光

写真5-4　兼六園の桜の開花を楽しむ来訪者〔撮影：敷田麻実〕

103

へと移り変わっている。また、金沢で最も開削が古い（1590年頃）大野庄用水も、用水開削の主目的は灌漑や防火であったが、その流路の途中で武家屋敷の庭園を貫流し、美しい曲水を庭園のなかにつくり出している。用水をめぐって地域防火などの公的な利用と庭園を愉しむという私的利用が混在し、多様な文化が生まれていることも、金沢市の生物文化多様性の特徴といえるだろう。このほかにも、金沢市の用水は庶民の日常生活にも使われており、かつては用水の水を用いて洗濯や野菜の冷蔵が行われ、現在でも消雪のために活用されている。

　このように、都市の豊かな生物文化多様性を創出してきた金沢市の用水の保全と活用のために、1996年に全国で初めて定められたのが、「金沢市用水保全条例」である。条例の第1条によれば、「藩政時代から金沢のまちを網の目のように流れ、四季折々の風景を映し出し、市民生活にさまざまな恵みをもたらしてきた用水を、市民とともに保全することにより、潤いとやすらぎにあふれる本市固有の用水環境をはぐくみ、貴重な財産として後代に継承すること」が条例の目的である。ここからもわかるように、金沢市は用水を「水路」としてではなく、市民生活と深くかかわる、都市固有の景観や環境を生み出す「財産」と捉えている。これは前述の伝統環境保存条例と共通する考え方であり、地域性や都市らしさを金沢市が生態系と文化の両面から捉えていることを示している。

　この条例によって、保全用水に指定されると、用水の景観や利用などについて一定の基準を設け、利用に対する届出を求めることができる。またそれに対し指導や勧告などを行うことができる。たとえば、保全用水には、私有橋を架けたり、周囲の土地の樹木や竹を勝手に伐採することはできない。また、この条例が策定されたことで、暗渠化されてしまった用水をもとに戻し、より積極的に市民と用水の相互作用を生み出すことも可能となった。

　この用水の積極的活用の代表的事例が、「せせらぎ商店街」沿いの鞍月用水の開渠事業である。それは駐車場などになっていた用水の蓋を撤去し、人の出入りだけが可能な小さな橋にかけ替えるもので、用水沿いの歩道の整備や用水面に下りる石段の補修も行っている。事業は約1,500mの区間にまたがる93の橋が対象となり、その合意形成には約10年が必要だっ

た。用水の開渠後には、せせらぎ商店街でマルシェを開催したり、都市住民が用水の清掃に参加したりするなどの新たな活動も生まれている。当時の金沢市長であった山出保は、自身の著書でこの事業をふりかえり、「コミュニティの再生を夢見たもの」だと回顧している[18]。用水の流れが多様な人の目に触れ、利用されることで小さなコミュニティが生み出される。せせらぎ商店街の用水開渠のとりくみは、単なる自然環境の再生ではなく、生物文化多様性を意識した用水の整備だといえる。

　用水の積極的な活用による新たな生物文化多様性の考慮は、ハード面での用水整備以外にも、市民によるホタルの生息調査というソフト面のとりくみにもみられる。1987年から30年以上、「金沢市子ども会連合会」が中心となって毎年8,000人近くの市民が参加する「ホタルの生息調査」が行われてきた。これは、市内のホタルの基礎情報収集と子どもの環境学習の双方を目的に行うもので、子どもとホタルの新たな相互作用の創出が用水沿いのホタル景観の創出に貢献している。このとりくみのなかでは、用水を管理する農家によって、小学校脇の用水のホタル生息場所を除草しないなどの配慮もみられる。このように、金沢市で行われている用水の活用と保全に向けたとりくみは、伝統的な景観や文化を残すだけではなく、生物文化多様性を評価し、積極的に現代社会に適合した新たな都市文化を生み出すものである。

　しかし、維持管理に目を向けると、金沢市の用水の活用や保全のとりくみにもまだまだ課題はある。現在、鞍月用水の維持管理のために、農家が灌漑期に毎日、朝と夕方の2回、それぞれ1時間半程度をかけて取水口付近のゴミや流木の撤去を行っている（**写真5-5**）。しかし、都市住民や観光客など用水の流れを楽しむ人々の日常的な維持管理への参加はほとんどない[x]。秋山ほかは、用水の利用の特徴として、主体が特定できない、特定の利用目的と結びつかない、利用料金を求められないなどを挙げている[19]。こうしたことは自然資源の維持管理に共通する。観光客を含む不特定多数の利用がその原因であり、こうした利用に対する新たな管理が求め

---

x）鞍月用水では、堰の維持管理は金沢市が行う。せせらぎ商店街ではマルシェの開催や自主清掃活動を行うとりくみはあるが、日常的な清掃活動は農家が行っている。

105

写真5-5　鞍月用水の清掃活動の様子

られている。

　都市の生物文化多様性が注目されはじめている現在、自然資源の管理責任と利用の便益を受ける人々のねじれを解消していくことが望まれる。都市の自然資源を利用し、便益を得るものの維持管理への参加は、これからの生物文化多様性の保全につながっていくだろう。

5-4　生物文化多様性から都市を考える

　本章では、都市を中心とした大小2つの圏域で、都市計画的視点と都市政策的視点から都市の生物文化多様性を考察してきた。まず、大きな圏域での生物文化多様性について、都市計画的視点から生物文化多様性の弱体化を引き起こした「サービス負担と享受の不均衡」という課題を、都市周辺地域の自然環境への期待と土地所有者の意識のズレから説明した。また、都市政策的視点からは生物文化多様性の相互作用の「可視化」に向かう創造都市のとりくみと、文化資源の強調によって引き起こされた文化の持続性に関する問題を指摘した。

　小さな圏域での生物文化多様性については、都市内自然が都市の生物文

化多様性の回復と活用のためにさまざまな計画のなかにとり込まれ、都市の魅力と特性をつくり出すことに貢献している。そして、生物文化多様性の表出でもある都市の景観マネジメントの事例として、金沢市の自然環境保全と文化保全が一体となった景観政策と、その具体的施策である用水保全のとりくみをとり上げた。

これらの事例に共通して重要であった都市の生物文化多様性を考えていくためのキーワードは、次のように整理できる。

(1) 生物文化多様性の基盤としてのコミュニティ

都市において生態系と文化をつなぐのは人であり、生物文化多様性の相互作用を生み出す動力は都市のコミュニティである。自然環境や文化はもちろんのこと、この両者を支える人の活動とコミュニティの多様性も持続していかなければ、生物文化多様性を維持していくことはできない。そして、そこに齟齬がある場合、その矛盾を解いていく必要がある。

(2) 生物文化多様性による多様なスケールの相互作用の意識づけ

都市という生活と消費が中心となる場は、独立して存在することはできず、常に多様な生態系サービスを供給する周辺地域の生態系や農地を必要とする。しかし、現代の都市の生活では、このような関係性を目で見て確認することはほとんど不可能である。このような状況にあって、人と土地との結びつきや生態系と文化の相互作用を改めて意識させるものが、生物文化多様性という考え方である。私たちは、生物文化多様性を介して都市生活を見つめなおすことで、日常的な問題から地球環境問題までを意識して考えることができる。

(3) 都市政策が支える生物文化多様性の持続性

現代の都市政策の特徴のひとつが、創造的かつ魅力的な場やそれを生み出すしくみづくりである。創造的かつ魅力的な場が、それを利用し支える人々の循環を生み出し、都市の持続的な発展を支える。そのときに都市政策の対象となるのは、景観や緑、用水、創造性などであった。ただし、いきすぎた地域資源の強調は価値の高騰を生み出し「地域性」を支えるどころか失う可能性さえある。都市の特性は、資本や人的流入によりエコシステム的な均衡を簡単に超えてしまうところにあり、都市政策にはそういったバランスを保つ役割が求められる。

都市は常に変化している。そのような劇的に変化する私たちの社会や生活の豊かさを方向づけているのが、「持続的な発展」という考え方である。持続的な発展を担保するものとして生物文化多様性があり、それが都市住民である私たちと地域とをつなぎとめているのではないだろうか。そこに生物文化多様性から都市を考えなければならない理由がある。

参考文献

1）日本建築学会編（1999）『建築学用語辞典　第2版』岩波書店, 991 p.
2）中沢新一（1992）「解題　森の思想」中沢新一編『南方熊楠コレクションV　森の思想』河出文庫, pp.9-134.
3）埼玉県（1987）『荒川−人文I』埼玉県, 538 p.
4）星勉（2011）『柔らかいコモンズによる持続型社会の構築』農林統計協会, 180 p.
5）社会資本整備審議会：都市計画制度小委員会（2012）『都市計画に関する諸制度の今後の展開について』
　　https://www.mlit.go.jp/common/000222986.pdf［閲覧日2020年1月16日］
6）グリーンインフラ研究会ほか編（2017）『決定版! グリーンインフラ』日経BP社, 392 p.
7）佐々木雅幸（2015）「創造都市金沢」UNU-IAS OUIK編『石川−金沢 生物文化多様性圏　豊かな自然と文化創造をつなぐいしかわ金沢モデル』, pp.27-31.
8）秋元雄史（2016）『工芸未来派−アート化する新しい工芸』六曜社, 245 p.
9）内田奈芳美（2015）「クリエイティブ・シティ政策とジェントリフィケーション−ニューメキシコ州サンタフェ市の事例から」『日本建築学会梗概集（都市計画）』, pp.489-490.
10）加藤薫（1998）『ニューメキシコ−第四世界の多元文化』新評論, 310 p.
11）石田頼房（1990）『都市農業と土地利用計画』日本経済評論社, 376 p.
12）石川幹子（2001）『都市と緑地−新しい都市環境の創造に向けて』岩波書店, 385 p.
13）エネベザー＝ハワード／山形浩生訳（2016）『新訳　明日の田園都市』鹿島出版会, 292 p.
14）シンガポール政府：http://eresources.nlb.gov.sg/history/events/a7fac49f-9c96-4030-8709-ce160c58d15c［閲覧日2020年1月16日］
15）樋口忠彦（1993）『日本の景観 ふるさとの原型』筑摩書房, 291 p.
16）川上光彦（1984）「金沢市伝統環境保存条例による歴史的町並み景観保存に関する調査研究」『日本建築学会大会梗概集 計画系』Vol.59, pp.2181-2182.
17）田中喜男（1977）『伝統都市の空間論・金沢』弘詢社, 362 p.
18）山出保（2018）『まちづくり都市金沢』岩波新書, 224 p.
19）秋山道雄ほか編（2012）『環境用水−その成立条件と持続可能性』技報堂出版, 196 p.

第6章

都市生態系と生物文化多様性
ー都市と生態系の融合

都市は生物多様性が乏しい環境である。なぜなら人が都市をつくる際に、多くの生物にとって都市を生息しづらい環境にしてしまったからである。しかし、その都市をうまく利用している生物もいる。特に鳥類は、人がつくり出した構造物に巣をつくるなどして、都市のなかで巧みに生きている。一方、人側はそれらの鳥類の存在を楽しんでいるところがある。このような人と生物のかかわりも生物文化多様性のひとつのかたちである。生物がどのように都市環境を利用しているか、都市と都市内生態系から生まれる相互作用について考えていきたい。

電柱に設置された腕金に巣をつくるスズメ

大学近くの商店街

あら、眠そうね。
徹夜でもしたの?

あ〜ぁ〜

ん〜
夜通し勉強しててね。
日本で学ぶこと多いよ!

日本の電線て・・・
すごいね。
網を張ってるみたい。

へ〜っ

シンガポールじゃ
地下に通してるから。

でも、これじゃ鳥が
引っかかるね!

何いってんの!

つかまっちゃう〜
ピョピョ

またー

ほら、上手に
飛んでるでしょ!

あの鳥は？

ツバメよ。

春になると日本に来て軒先に巣をつくるのよ。

あっ！ あれか！
巣を中華系の人が食べるやつ！

オイシ
アルヨ〜！

Chinese food

日本の巣は食べるって聞いたことないわよ。

あっちはスズメかな？
何してんのかな？

穴があるし巣づくり？

※中華料理のツバメの巣はアナツバメというまったく別の鳥の巣です。

おっ、腕金に穴が！
巣がありますね。

え！

失礼しました。
私、スズメを研究してる者です。

実はあそこに巣があると問題が・・・

111

スズメをねらって
ヘビがあがって
きて・・・

電線を
つないでしまって・・・

停電を起こして
しまうのです。

くら～い！

あっ！停電！

電力会社は
何してんだ！

そこで、こんな金具で
塞いであるんです。

へー

ちなみにこの金具
いろんな形があって
おもしろいですよ。

これじゃ
えんえん
やん

スズメと人がかかわって
生まれた文化のひとつです。

昔から、スズメは人と
かかわってきました。
おとぎ話とかにも
出てくるでしょ？

かかわりが深い分
スズメに都合の悪いことも
ありまして、最近の住宅では

フカフカ

Now

Before

ハァ～

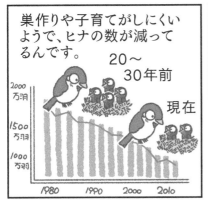

巣作りや子育てがしにくいようで、ヒナの数が減ってるんです。

20〜30年前

現在

でも
スズメは対応力も高いのでどうにかしてくれるのではと期待しています!

オウがンバルよ。

スズメに頑張ってもらって人との新しい関係が見られるとおもしろいね!

スズメの世界も少子化か〜

スズメと人との関係といえば、こういうのもありますよ。

なにこれ
カワイイ!!

スズメのラベルのお酒よ!

まいったなー
今夜も夜通し勉強しないと。

ちょっと!
日本の勉強ってこれ?!

都市における生物文化多様性

1. 生物多様性の低い都市

　都市は森林などに比べて、生息している生物が少ない場所である。人が都市をつくり上げる過程で、多くの生物にとって都市を生息に不適な場所にしてしまったからである。たとえば人にとっては、舗装された道路のほうが利便性が高い。しかし多くの植物種にとっては、土がなければ根を張ることはできない。人は管理ができる程度の街路樹ならば植えるが、その程度の樹木では森林に棲む鳥類や哺乳類にとっては十分とはいえない。このように、人は自分たちの都合のよいように都市を改変した。その結果、多くの生物にとって都市は生息に不都合な場所になってしまった。さらに、人は意図的に特定の生物種を都市から排除している。たとえば、人に害をなす可能性のある鳥獣を都市に侵入させないようにしている。また、不快な蚊やハエを駆除している。

　しかし、都市に生物がまったくいないわけではない。第5章にあったように、生物に配慮した景観を整えれば都市の内部でも生物多様性は高くなる。また、そういった配慮とは無関係に都市に生息している生物もいる。家のなかにはゴキブリのような家住性の昆虫がいる。公園にはタンポポが咲き、地面にはアリが這っている。電線にはスズメやカラスが止まり、夜になれば舗装道路の上をキツネやタヌキが徘徊することもある。

　こうした生物のなかには、意図せず都市に生息しているものもいる。たとえば道端に生えている植物には、好んで都市を選んだわけではなく、種子として飛んできて発芽してしまい、そこで繁殖しているものがいる。

　一方で、都市に生息することを選択している生物もいる。特に鳥類はそれがわかりやすい。なぜなら、飛ぶことができる鳥類にとって都市が不適格な場所であれば、いつでも別の場所へ移動することができるからだ。都市に棲む鳥類は、都市をあえて選択しているといえる。

　どのような都市にも数十種の鳥類が生息している。「スズメとカラスし

かいない」と思うかもしれないが、その「スズメ」と思っている鳥種のうち、おそらく3分の1はスズメではない。確かに都市に生息する小さな鳥種のうち、最も個体数が多いのはスズメである。そのため、スズメを目にすることは多い。しかし、スズメくらいの大きさの鳥はこのほかに、シジュウカラ、カワラヒワ、ツバメ、ハクセキレイなどがいる。もう少し大きいものには、ムクドリ、ヒヨドリ、ツグミなどがいる。実はカラスも2種いるし、ハトも2種いる。近くに池があれば4種ほどのサギと、10種ほどのカモが見られるはずだ。そしてそれらの鳥をねらって、ハヤブサやオオタカといった猛禽類も、個体数は少ないが都市に生息している。

　都市に生息するこれらの鳥類は、人とのかかわりが深い。なぜなら人とかかわりをもたずに生息することは不可能だからである。その結果、人と鳥類の間に相互作用が生まれ、都市ならではの生物文化多様性が生じている。

2. 都市という新しい環境

　自然科学では、ここ数十年のうちに、都市をひとつの「環境」とみなすことが主流になってきた。かつて「都市」は「自然環境」と対立するものとして位置づけられることが多かった。「森林」「草原」「砂漠」「海洋」など、地球上にはさまざまな自然環境があるが、それに対する概念として「都市」があった。しかし近年では、それらの自然環境と都市環境を同列に扱うようになった。そうすることで、都市環境が他の環境とどのように違うのか、あるいはどのように同じなのかに目を向けることができる。実際、生物の側からしても、「都市」と「自然」は対立するものではない。たとえば、カラス類にとって「森林」「海洋」「都市」の3つの環境のうち、「森林」と「都市」は生息可能という共通点があるが、「海洋」は生息できない環境である。

　都市をひとつの環境とみなすと、都市が他の環境に比べて新しい環境であることに気づく。地球上に都市が誕生したのは、大きな文明が誕生した頃で、数千年前である。地球を俯瞰して見れば、都市は大河の近くに誕生した。その後、都市は地球のさまざまな場所に散らばり、その規模を拡大

し続けている。その結果、現在の陸地面積の3％を都市が占めている[1]。この都市環境の拡大の速度は、ほかに類をみない。自然界では、特定の生物種が環境を改変して自身の生息地を広げていくことはよくある。放置されたパンの上でカビは広がっていく。管理されなくなった森林ではササが地表を覆っていく。しかし単一種、しかも哺乳類の一種が、大規模な土地改変を伴いながら、長期的に生息地を拡大している例はほかにない。

　鳥類から見ても、都市は新しい環境である。鳥類は数千万年前から地球上に存在している。鳥類からみれば、自分たちの長い歴史のうち、都市という環境に遭遇したのはここ数千年にすぎない。つまり鳥類の長い歴史のうちの1万分の1でしかないことになる。

3　都市環境の特徴

　鳥類にとって現代の都市は、どのような特徴をもった環境なのだろうか。
　まず、都市環境の非生物的な特徴として、気温が高いことが挙げられる。これはヒートアイランドとして知られている現象である。都市では人間活動により絶えず熱がつくり出されているうえに、コンクリートやアスファルトは熱を蓄えやすいため、気温が高くなり、このようなことが起こる。また、都市では風が弱い。ビル風と呼ばれる上昇気流もあるが、建物の存在によって都市全体の風は弱められている。さらに都市は乾燥している。森のように地面が土で覆われている環境と異なり、都市に降った雨水はアスファルトやコンクリートの表面を流れ、下水に入って川や海へと流れ出てしまうため、湿度に影響を与えないからだ。

　次に、都市環境の生物的な特徴として、前述したとおり生物の種数および個体数が少ないことが挙げられる。たとえば植物について森と都市を比べれば、そのちがいは明らかである。都市には植物が少ないので、それを利用する昆虫なども少なくなる。

　さらに、ほかのどの環境にもない特徴が都市には2つある。ひとつは物質の移動が激しいことである。森のなかでドングリが落ちていたなら、それはおそらく数十メートル内に生えている親樹から落ちてきたものと推測される。また、ネズミや鳥によってドングリが運ばれることもあるので、

数百メートル先から運ばれてきた可能性もある。しかし、東京の都心にあるレストランの料理に使われている食材のうち、数キロメートル圏内からきたものはほとんどないだろう。多くは、日本各地から運ばれてきたものであるし、なかには地球の裏側（南米）から輸入された食品もあるかもしれない。また、魚介類のような海からもってきたものもあるかもしれない。山のものが川によって海に運ばれることはあっても、その逆は考えにくい（ただし、サケなどが遡上することで、海の有機物が山に運ばれることはある）。このように、物流ネットワークによって大量の物資が長距離を移動し、都市に供給されている。

　都市のもうひとつの特徴は、これまでなかった姿へと絶えず変わり続けていることである。森林であっても、海洋であっても不変ということはなく、どのような環境も変化する。たとえば、目の前に森林があるとして、その森林の500年後の姿は、仮に人の手が入らなくても、生態系の遷移によって変化すると考えられる。ただし、500年後のその森林と似たような種構成をもった森林は現在もどこかにあるはずだ。

　一方、都市ではその変化が急速であり、かつ、これまでなかった変化を引き起こす。たとえば、都市は誕生以来、高層化を続けている。古代の建造物で最も高いのはピラミッドで、高くてもせいぜい140 mほどである。一方、現代では150 mを超えるビルは珍しくない。現在、サウジアラビアのジッダで建設中のタワーは1,000 mを超える予定である。高さだけでなく、道路網も大きく変化している。交通手段および輸送手段の発達がそれらに強く影響するからである。人が歩き、牛馬が輸送する道と、エンジンを搭載した自動車によって輸送を行う道路では、材質も幅も長さも異なる。今後、ドローンのようなものが移動・輸送手段に加われば、都市は今よりも三次元的な構造になるだろう。このように、第5章で触れた都市構造や機能は時代の必要性に応じて変化し続けている。

都市に生息する鳥類と文化のかかわり

　鳥類のなかには、そのままでは堅くて食べられない食料を、高いところから落として割って食べるものがいる。たとえば、アフリカの山岳地帯などに生息しているヒゲワシは、死んだ動物の骨をくわえて飛び、岩場に落として割ってなかの髄を食べる。また、カラスの仲間のなかには、固く閉じた貝の中身を食べるために、貝をもって飛び、数～10 mの高さから岩場に落として割るものがいる。

　都市に生息するハシボソガラスは、これと似た手法、あるいはさらに巧妙な手法で堅い食料を食べる。割る対象はオニグルミの実である。その殻は非常に堅いので、ハシボソガラスはアスファルトに実を落として割る。もしハシボソガラスが都市以外の環境でオニグルミの実を割ろうとすれば、河原や岩場に落とすだろう。骨や貝であれば、岩場で落として割っても可食部分がばらばらになるわけではないから困らない。しかしオニグルミの実の場合、岩場や河原で割れば、可食部もばらばらになってしまう。ハシボソガラスは、都市のアスファルトやコンクリート面があることで、効率

写真6-1　道路にクルミを置くカラス

よくオニグルミの実を割って食べることができる。

　しかし、オニグルミの実は堅く、落とせば必ず割れるわけではない[2]。そこで、より技巧的なハシボソガラスは、オニグルミの実を車道に置き、自動車に轢かせて割る[3]（**写真6-1**）。このようなハシボソガラスによるオニグルミの実を割る行動は、自動車を使う文化（アスファルト＋自動車による移動）が発達したからこそできるようになった。つまり、生物が人の文化を利用している例である。

2. スズメによる営巣

　鳥類と人とのかかわりの2つ目の例は、スズメについてである。

　一般に、都市に生息する鳥類には、都市で繁殖をするものと、そうでないものがいる。冬季に公園の池でみかけるカモのような鳥類の多くは、都市では繁殖をしない。冬に一時的に都市にいるだけで、繁殖は別の場所で行う。それに対し、スズメは都市で子育てをする鳥種である。しかも例外はあるにせよ、都市以外の場所では繁殖をしない鳥種である。

　スズメの巣は、一般的な住宅地であれば100 m×100 mに3巣ぐらいあり、商業地ではこれより少なく、緑の豊かな住宅地ではもっと多くなる。巣がつくられるのは、屋根瓦の下（**写真6-2左**）、軒下にできた隙間、鉄骨の隙間、道路標識に空いた穴などにある。スズメはこういった人がつくり出した構造物の隙間に営巣する。これは昔からのことである。古くは藁葺屋根に巣をつくっていた。その後、藁葺屋根が減り、瓦屋根が増えると、葺かれた瓦の隙間に巣をつくった。瓦屋根の軒先の部分は「雀口」と呼ばれているが、これは、そこにスズメが入って巣をつくることが頻繁にあったことを示している。

　しかし、最近の住宅はスズメにとって巣をつくりにくい構造になっている[4]。昔の日本家屋は、柱の上に屋根をのせる構造になっていたこともあり、さまざまなところに隙間があった。こうした隙間は、住宅全体の湿度や温度の調節に役立っていたが、その隙間をスズメが巣をつくる場所として利用していた。ところが最近の住宅は、壁と屋根が一体化しており、空調によって温度と湿度を管理するため、隙間は必要がない。瓦屋根も減り、

写真6-2　屋根瓦の下に巣をつくったスズメ（左）と隙間のない形状の屋根（右）
最近は右のような隙間のない屋根が多く、巣をつくりにくい。

現在はスレート瓦など隙間のない形状の屋根に変わっている（**写真6-2右**）。そこで最近のスズメは、鉄骨の隙間や道路標識へと巣をつくる場所を変えている。つまり住宅建築様式（文化）の変化に応じて、巣をつくる場所を変えている。

　スズメが巣をつくる場所の変化は、このような時代的なものだけではなく地域差もある。東北地方や北海道には、固定式視線誘導柱という道路標識がある（**写真6-3**）。これは雪が降り積もった際に、道路の端がどこかわかるように、その場所を矢印で指し示すための標識である。この道路標識の端には穴が開いていて、その穴にスズメが巣をつくることがある。このような営巣場所の利用は九州などでは見られない。なぜなら固定式視線誘導柱が、積雪地方にしかないからである。つまり、地域特有の構造物（文化）をスズメが利用している例である。

3. 電柱への営巣

　現在日本には3,600万本以上あるといわれている電柱[5]と鳥類の間にもかかわりがある。電柱は、「文明」というだけではなく、人がつくり出した文化でもある。そこには、電話線、電力線、ケーブルテレビ線や光ファイバーなどが渡してあり、送配電や通信網を都市部に張り巡らすことで、文化を維持し生み出す基盤にもなっている。鳥類は、こうした電柱および電線を止まり木としてよく利用している。空を飛ぶ鳥にとって休憩する場

写真6-3　雪国の道路にある固定式視線誘導柱
と、そこに巣をつくったスズメ
右上の写真は裏側から見ている。

所は重要である。本来なら木々に止まりたいのだが、都市においては、
木々の幹にあたるものが電柱であり、枝にあたるものが電線といえるかも
しれない。

　都市に生息する鳥類は、巣をつくる場所としても電柱や電線を利用して
いる。巣のつくり方は、鳥種によって異なり大きく3つのタイプがある。

　1つ目は、電柱の柱部分に穴を掘って巣をつくるものである。現在の電
柱の多くはコンクリート製なので穴をあけられないが、電柱が木製だった
頃には、キツツキ類が柱部分に穴をあけて巣をつくっていた。現在でも、
数は少ないが木柱の電柱が残っており、巣がある場合がある。しかし、そ
れらもいずれコンクリート製へと置き換わっていくので、この方式の巣は
見られなくなると考えられる。

　2つ目は、電柱にもともとあいている穴にスズメなどの小鳥類が巣をつ
くるものである。電柱には、さまざまな構造物が付随しているが、そのな

写真6-4　電柱にあるつくりかけのカラスの巣（左）とカラスが再び巣をつくらないようにするための風車（右）

かに腕金と呼ばれる部分がある。これは電線を渡すために使われる四角いパイプ状のものであるが、その端に穴があいていることがあり、その穴にスズメなどが巣をつくる（**本章扉写真**）。この穴は本来、電力会社によって塞がれている。その理由は、本章の冒頭のマンガにもあるように、そこに鳥類が巣をつくると、その巣にある卵やヒナをねらってヘビが電柱を登り、停電を引き起こすからである。そのため、電力会社は停電の原因となるスズメの巣ができないように、腕金の端を塞ふさいでいる。ただし、都市の中心部ではヘビがいないので、塞いでいないところもある。あるいは、塞いであったところが劣化してしまったところもある。そういったところにスズメが巣をつくっている。

　3つ目は、カラス類などの大型の鳥類が電柱の上部に小枝などを積み重ねてつくるものである（**写真6-4左**）。もともとカラス類は、高さ15〜20ｍほどの木の大きな枝に、小枝を組んで巣をつくる。都市では、公園などに適した木があればそこに営巣するが、適した場所がなければ電柱に巣をつくる。こうした巣も停電を引き起こす。それを防ぐために、電力会社は春になると管内を見回って、カラス類の巣を見つけると撤去している。また撤去しただけではカラス類が再び同じ場所に巣をつくることがあるため、それを防ぐ器具をつけることがある。たとえば、北海道では小さな風車がつけられている（**写真6-4右**）。

　カラスが電柱に巣をつくるようになった時期は、十分な情報がないためはっきりしない。しかし、新聞記事などから探すと、1970年頃から増え

てきたようである[6]。カラスが都市に進出し、さらに人が電柱を生み出したからこそ、電柱に巣をつくるようになったと考えれば、これも人と鳥類とのかかわりのなかで生み出された関係、つまり生物文化多様性だといえる。

4. 景観レベルでの鳥類相への影響

　最後に、人の文化が景観レベルで都市の鳥類相（生息する鳥の種類や個体数のこと）に影響する例について述べておく。都市に生息する鳥類にとって、巣をつくる場所はもちろん重要だが、餌を採る場所も同様に重要である。カラス類のように、人の出すゴミに依存している鳥類もいるが、小鳥類の多くは都市に生息する虫や植物を餌としている。それらがあるのは緑地である。そのため、都市に緑地が多いと、その都市に生息する鳥の種数や個体数が増えることがわかっている。つまり、緑地の面積と鳥類相の豊かさは比例する。

　その緑地の有無、面積、形は、さまざまな要素により決まる。その要素のひとつに歴史がある。現代の都市緑地の配置は、江戸時代の「区割り」が反映している場合が多い。たとえば東京では、皇居は江戸城跡であり、上野公園や日比谷公園、明治神宮などは、かつては大きな寺院や大名屋敷の庭園であった。それらを活用して現在の大規模な緑地ができている。つまり、その都市の歴史が現在の緑地の位置や大きさに影響している。

　緑地が歴史の影響を受けているのは、地方都市でも同じである。城跡、神社、寺院などが大きな緑地として残っている。それらが歴史的建造物や観光名所として守られることで、都市に生息する鳥類の多様性を高めている。第5章で紹介されていた金沢市の用水も、伝統的な景観であるからこそ維持されている。それぞれの都市がもつ歴史とその後の都市計画が、現代の緑地の配置に影響を与え、それによってその都市に生息する鳥類相にも影響を与えている。

都市の生物文化多様性の特徴

　4つの例で示してきたように、人が自分たちのためにつくり出した都市環境を、鳥類は巧みに利用している。この関係は、農村における人と生物の関係とは逆である。なぜなら、農村では人が生物を利用し文化をつくり出していたが、都市では生物が人のつくった文化の産物を利用しているからだ。

　不思議な関係のようにも思えるが、文化の集結地である都市に生息している鳥類が、人の生み出した文化に影響を受けるのは当然といえる。むしろ、人の文化に対応できない鳥種は都市には生息しておらず、対応できた鳥種だけが現代の都市に生息しているのだろう。

　しかし、都市において、人が一方的に鳥類から利用されるわけではない。以下に述べる2つの点から見れば、人も積極的に鳥類と関係を築き、文化を生み出していることがわかる。

　1つ目は、人の側が鳥類のもたらす不利益に対策を講じている点である。自然は多くの恵みをもたらす一方で（正の生態系サービス）、病気、鳥獣害など（負の生態系サービス）ももたらす。併せて「自然のもたらすもの（NCP）」である（第2章参照）。人はそれぞれの時代、それぞれの地域において、さまざまなかたちで生物が生み出す不利益に対策を講じてきた。その対抗措置が、時間が経ってみれば文化になっている場合がある。たとえば、縄文時代の高床式倉庫には、なかに保存している穀物を守るために、足となる柱の部分に「ネズミ返し」がついていた。それは、縄文人が生み出した構造物の一部であり、現代の私たちはそれを文化（文明）のひとつとみなす。そのような観点でみれば、現在、電柱の腕金を塞ぐ金具やカラスが巣をつくることを防ぐ風車も、生物とのかかわりのなかで生まれた文化といえる。

　2つ目は、人の側が都市に生息する鳥類の存在を楽しむこと、つまり都

市の自然を愛でることが、文化のはじまりである。早朝に都市公園に行くと、双眼鏡をもって鳥を観察したり、カメラをもって鳥を撮影したりしている人々は少なくない。彼らは、都市にいるわずかに残る自然を楽しんでいる。そこまで本格的な鳥類観察ではなくとも、春に近所の公園でウグイスの声を聴いたり、冬の池にカモの姿を見て、季節の移ろいを感じて楽しんでいる人は多い。仮にこういった鳥の鳴き声や姿が都市に一切なければ、都市は無味乾燥なところになってしまうかもしれない。また、公園でハトや小鳥類とのふれあいを楽しんでいる人もいる。

　日本では、古くから花鳥風月を楽しんできた。第1章のマンガにあったように、平安時代の貴族が自然を和歌のなかに詠んだのも、そのひとつである。都市のなかの自然を楽しむことは、現代の都市における花鳥風月の楽しみ方といえる。

2. 都市では次世代の生物文化多様性への価値観が育まれる

　では、都市に見られるこれらの生物文化多様性をそのまま守り続けるべきだろうか。それは不可能だろう。なぜなら前述したように、都市は急速に変わっていく環境であり、それに伴って人と生物のかかわり方も変化していくからだ。たとえば電柱にある腕金とスズメの関係を維持していこうとしても、おそらく将来的には、電柱は地中化され、その姿そのものが消えていくと推測される。

　また、カラス類が電柱に巣をつくって停電が起きるような負の生態系サービスは減らしていく必要がある。では何を維持すべきかといえば、かたちは変わってもよいから「都市における生物と人とのかかわりを維持する」ことである。なぜなら、そのことが「生物と人とのかかわりを維持しようとする動機を育てる」ことにつながるからだ。

　その根拠として、近年わかってきたことは、人は自然体験の機会が多いと、生物に対する忌避感が減り、自然に対して愛着を感じ、さらには自然保護活動に積極的になる[7]ということである。私たちは知っているからこそ、親しみがあるからこそ、それに価値を感じ、守りたいと思う。しかも、子どもの頃の経験が重要である。子どもの頃に生物にふれあう機会がある

かどうかが、その後の人生において生物に対する興味や積極性に影響を与えうる。その際、日常であり、多くの時間を過ごす都市においても、その機会があったほうがよい。逆説的だが、都市だからこそ、自然とのふれあいの機会が重要といえる。

　それを示すために、思考実験として、次の2つの可能性を考えてみる。ひとつは、緑地などがあり、そこに生物が生息しており、住民もその存在を楽しめる都市をつくった場合である。そういう都市で子ども時代を過ごしたものは、生物への忌避感が小さくなり、より積極的に生物との関係を楽しんだりする可能性がある。そして成人すると、自然環境の存在に価値を感じ、それに負荷をかけないようなライフスタイルをとるかもしれない。自然好きであるため、子どもを連れてキャンプに行くことで、その子どもたちも自然体験を通じて、やはり生物好きになるかもしれない。ときには虫に刺されて不快な思いをすることもあるかもしれないが、ふれあう機会がなければ、好きになるきっかけも生まれない。このように、都市において生物と人とのかかわりを維持することは、生物とふれあうきっかけそのものを維持し、さらに、そのかかわりを維持しようとする動機を生み出す可能性がある。そうして維持された生物と人のかかわりが、さらに次世代に、その関係を守ろうとする動機を生み出す可能性がある。

　一方、生物を排除した都市をつくったと仮定する。子ども時代をそこで過ごすと、大人になってからも自然に対して無関心になる可能性がある。あるいは積極的に近づかないようになるかもしれない。たとえばある昆虫を見たとき、知っていれば怖がらないが、未体験のものであれば恐怖を感じるかもしれない。自分たちにとって快適な都市へと変えるために、不快な生物がいる自然そのものを都市から積極的に減らすようになる可能性もある。都市の外にある自然環境にも目を向けないだろう。その結果、ますます生物がいない都市を求め、その子どもも生物から距離をとり、生物への無関心さが次世代へと伝わっていく可能性がある。

　この2つの思考はかなり単純化しているが、都市における生物と人との関係を維持することが重要であることを示している。

　さらに、人と生物との関係を維持することは、行政的なコストを削減するうえでもメリットがある可能性がある。一例としてカラスを挙げる。前

述したようにカラスは都市にある緑地の木々や電柱に巣をつくる。その際、巣のなかの卵やヒナを守るために、巣の近くを歩いている人を襲うことがある。これはカラスが、自分の巣をねらって人が近づいてきたと勘違いしてしまうために生じる。カラスに襲われた経験がある人のなかには、怖い思いをしたこともあって、カラスの巣を撤去してしまえと訴える人が多い。そのような人が多くなれば、カラスの巣を撤去しようという声は大きくなり、行政も対応しなければならなくなる。行政はそのために、人・金（税金）・時間を割かなければならない。しかし、生物好きな人が増えれば、カラスの存在も許容できる可能性がある。実際、カラスが襲ってくる範囲は、巣の周囲10ｍほどであり、期間も子育てのわずか2週間ほどなので、その期間をやりすごせばよい。この時期はカラスも子育てに必死だと思えば、許容できるかもしれない。多くの人が許容できれば、行政も巣の撤去にかかる労力を、福祉や教育などの住民サービスに回すことができる。

　このことは、都市のなかでカラスの営巣を放置していくべきだと主張しているのではない。カラスが増えれば、いくら気をつけていても襲われる人の総数は増え、ゴミが荒らされ、近隣の果樹園に被害が及ぶ。そういった負の生態系サービスが大きくならないよう、コストをかけて巣を撤去することも必要である。しかし、生物側の問題だとしてしまうのではなく、人とのかかわり、つまり生物文化多様性だと考えればよいのではないか。

3. 気づくことの重要性

　では、都市にはどの程度の自然があるべきだろうか。カラス類以上に人に害をなすサルやイノシシは都市にいるべきではないと考える人もいるが、日本で生まれ育った私たちは、サルやイノシシが都市のなかにいることが日常ではないので、そう考える人のほうが多いだろう。しかし、世界にはそうでない場所もある。たとえば、タイのある都市ではサルが神聖なものとして大事にされており、サルが都市のなかを普通に闊歩している。仮にそういった都市で子ども時代を過ごせば、サルが身近にいることに抵抗を感じず、サルを都市から排除しようという社会的な動きがあれば反対する可能性がある。

つまり、人が都市においてどの程度の自然を許容するかは、地域、時代、歴史、文化、そして宗教などに影響を受ける。さらに、同じ背景をもっていても、人によって意見は異なる。生物の豊かさがもたらすメリットとデメリットを考えながら、生物文化多様性にどのような価値を見出すか、互いに意見を出し合い、合意形成を図っていく必要がある。そのための話し合いに加えて、第9章で示す政策や社会的なしくみが重要な役割を果たす。

　最後に、生物文化多様性における気づきの重要性を強調しておきたい。都市にいる鳥と人との関係をおもしろいと感じる人もいる。おもしろさに気づいたからこそ、興味をもつし、その存在に価値を感じられるようになる。つまり、気づきからメリットを感じられる生物文化多様性という概念は新しい概念だが、体験を通して「これも生物文化多様性だったのか」と気づくことは重要である。気づくかどうかが、その後の意思決定や合意形成に重要だ。ジョンとアキもフィールドワークをしながら多くの気づきを得ていた。伝統文化のなかにある生物文化多様性を体験したり、あるいは現代社会のなかにそれを見出したりしたことで、再発見・再認識できていた。そういった気づきを増やし、また周囲の人に伝えていくことが豊かな都市生活につながるだろう。

参考文献

1) James, P.(2018) *The Biology of Urban Environments*, Oxford University Press, 294 p.
2) 青山怜史ほか(2017)「オニグルミの種子の重さによる割れやすさ－ハシボソガラスは、どんな重さのクルミを投下すべきか」『日本鳥学会誌』66, pp.11-18.
3) Nihei, Y. and Higuchi, H.(2001) When and Where Did Crows Learn How to Use Automobiles as Nutcrackers. *Tohoku Psy-chologia Folia*, 60, pp.93-97.
4) 三上修・三上かつら・松井晋・森本元・上田恵介(2013)「日本におけるスズメ個体数の減少要因の解明－近年建てられた住宅地におけるスズメの巣の密度の低さ」『Bird Research』9, pp.A13-A22.
5) NPO法人電線のない街づくり支援ネットワーク編著(2018)『無電柱化の時代へ』かもがわ出版, 64 p.
6) 三上修(2019)「鳥類による人工構造物への営巣－日本における事例とその展望」『日本鳥学会誌』68, pp.1-18.
7) Soga, M. and Gaston, K.(2016) Extinction of Experience: The Loss of Human-nature Interactions, *Frontiers in Ecology and the Environment*, 14, pp.94-101.

第7章

自然保護地域と
生物文化多様性

ここでは生物文化多様性の考え方を自然保護に活かすことを考えたい。国立公園や保護区などの自然保護地域は、規制によって生態系を保護や保全することを主な目的にしてきたので、資源の積極的な活用にはあまり関心がなかった。しかし、地域が自然を持続的に活用するためのしくみとして、こうした自然保護地域が活用できるのではないだろうか。特に最近では、「ジオパーク」などの利用を通して保全を考える新しいしくみも出てきており、生物文化多様性、つまり生態系と文化の相互作用を見る場として再考できそうである。ここでは、国立公園の新しいあり方と、石川県の白山手取川ジオパークの事例から、生物文化多様性について考えたい。

日本百名山である白山を深田久弥の故郷から眺める〔撮影：敷田麻実〕

白山 手取川ジオパーク

日本酒が飲めるって
聞いたのに?!

山なんて登ったって
日本酒なんてないじゃん!

体力
ないわね〜

日本酒、お好き
なんですか!

それならなおさらジオパークと
日本酒の関係を知って
もらわなくちゃ!

ジオパークと日本酒?

え!!

ハァ…ハァ…
なに?
日本酒?

日本酒は杜氏さんが
造るんじゃないんですか?

あはは
確かに仕込むのは杜氏さん
なんだけど、水やお米は
地域の恵みそのものなんだよ。

その恵みを生む
白山の地形は
途方もなく長い時間の
地球活動によって
つくられてきたんだ。

ゴゴゴゴゴ

ドッカーン

その大地の上に、雨が降り
森が育ち栄養が蓄えられ
田畑を潤しているんだよ。

ホヘ〜〜

そんな恵みが
日本酒の一滴になると
想像すると
たまらないですね。

山小屋

そういえば、祖父が
「神さまが住む山だから
うまい酒なんじゃ！」って
いってました。

神さまじゃ
なかったね。

山だ

いやいや
そうでもないよ。

白山は信仰の場でもあってね
神さまに捧げるお酒を
1,000年以上前から造ってた
といわれてるんだ。

菊理媛神
くくりひめ

132

1,000年かけて神さまに
お供えするためにおいしい
お酒にしてきたともいえる。

1,000年ですか！

人間は山をいろいろな
かたちで文化にとり込んで
活かしてきたんだ。

ちなみにお神酒を飲んで酔うのは
神さまとの交流を深めるからと考え
られてたんだよ。

これを飲むと
神がかるんですね！

生態系から文化が生み出されている
そのストーリーに乾杯ですね。

自然を守るしくみとしての自然保護地域

　乱開発に歯止めをかけ、自然を保護するしくみは各国が整備を進めてきた。その典型例が国立公園を代表とする自然保護地域である。自然保護地域は「自然保護の対象となる特定の空間、そこに生息・生育する野生生物や自然現象の存続のため」に指定される、「自然保護だけではなく、来訪者にとってのレクリエーションや環境教育、あるいは地域住民の持続的生活のための場所」である[1]。特定の区域を指定し、土地利用に規制を加えることで保護や保全を進める。日本では、自然公園や天然記念物のほかに、自然環境保全地域、保安林、鳥獣保護区、生息地等保護区、特別緑地保全地区などのさまざまな自然保護地域が指定されている。

　自然保護地域の対象になる環境は、人為的な影響を受けていない原生的な自然環境から、都市近郊の「二次的自然」まで幅広い。国際自然保護連合（IUCN）では、世界中の700万か所の自然保護地域を、生物多様性の保護を目的とし、人の立ち入りが厳しく制限される保護地域カテゴリーⅠから、自然資源の持続可能な利用を伴う資源保護地域のカテゴリーⅥまでの6つに区分している（表7-1）。そのなかで国立公園はカテゴリーⅡとなっているが、日本では、小笠原、屋久島、知床など17の国立公園と、国定公園の一部が該当するだけである。実は伊勢志摩、阿蘇くじゅう、富士箱根伊豆などの国立公園と国定公園、都道府県立自然公園などは、カテゴリーⅡではなく、カテゴリーⅤの景観保護地域に該当する。

　カテゴリーⅤに分類されている自然保護地域は、その区域内に私有地や造林地、農地・集落なども含む。そこは、生態系そのものが重要というより、人と自然の相互作用によって生み出された生態学的、生物学的、文化的、景観的価値を備えた地域である。だからといってカテゴリーⅤがⅡより「劣る」ということではない。阿蘇の草原や志摩の海岸のように、人の手が加わった二次的自然にも、日本を代表する景観が含まれている。

表7-1　国際自然保護連合（IUCN）による自然保護地域のカテゴリー

カテゴリー	名称	内容	対応する国内の保護地域
I	厳正保護・原生自然地域	学術研究と原生自然保護	原生自然環境保全地域 自然環境保全地域
II	国立公園	生態系保護とレクリエーション	国立公園
III	天然記念物	特別な自然現象の保護	天然保護区域
IV	種と生息地管理地域	種と生息地の保護	生息地等保護区 国指定鳥獣保護区
V	景観保護地域	景観保護とレクリエーション	国立公園 国定公園
VI	資源保護地域	生態系の持続的利用	共同漁業権区域

　このIUCNの6つのカテゴリーは、原生自然環境もあれば、観光利用を促進している環境まで幅広い。国立公園や景観保護地域で、人と自然の相互作用や生態系に基づいた文化的景観、つまり本書のテーマである生物文化多様性を重視して乱開発から保護し、環境教育やエコツアーなど持続的な利用が進められているところも多い。

2. 日本の国立公園の多様性と変遷

　日本の国立公園は、「自然公園法」に基づいて指定されている。その第1条によれば、国立公園の目的は、日本を代表する優れた自然の風景地であり、国民の保健、休養および教化のために使われ、生物多様性の確保に寄与するとされている。このように保護や保全と同時に利用も求められる場所が国立公園である。

　前述したように、日本の国立公園は、人の利用を排除して原生自然を保護する場所ではない。国立公園の制度が確立する以前から、農林漁業による利用が盛んに行われており、土地所有者が存在していた。そのため、開発や利用に対する規制が強い「特別保護地区」を除けば、国立公園自体が厳しい規制の対象となってきたわけではない[i]。その特別保護地区をとり囲むように、景観保護のための森林伐採制限などがある「特別地域」が配

写真7-1　知床国立公園の連山を楽しむ観光客〔撮影：敷田麻実〕

置されている。国立公園における保護・規制の意味合いが強い特別保護地区と第1種特別地域の面積は、小笠原や知床（**写真7-1**）では全体の7〜8割と高いが、約半数の国立公園では2割を下回り、伊勢志摩、雲仙天草、西海、瀬戸内海などでは1割以下である。このような規制の少なさは、農林漁業など日本の歴史的な生態系利用との調整が必要な区域が国立公園の多くの部分を占めていることを意味している。一般に、東日本の国立公園では保護や規制が強く、西日本で弱い傾向がある。その背景には、古い時代から土地の利用が進み、公園指定時に私有地が多かったり、農林漁業などの人の介入によって形成された二次的自然を保護対象としたことがある。そのため、東日本では原生的な生態系や景観が、西日本では人と自然との相互作用により育まれたそれらが国立公園として指定されることになった。

　このように同じ国立公園であっても、保護対象にする内容も多様であり、それには自然資源を利用する際の地域の文化が大きな影響を与えている。自然保護だけが国立公園の特徴ではなく、自然を背景に育まれてきた地域の文化との関係を切り離すことはできない。日本で国立公園法が制定されたのは1931年である[ii]。自然保護地域の必要性は明治から指摘されてい

i）たとえば、本章の後半で触れる白山国立公園では、白山の頂上を中心にした高山帯が特別保護地区となっている。

 の図の内容:

大風景・景勝地			
雲仙・瀬戸内海・阿寒			
	都市近郊の余暇適地		
	支笏洞爺・秩父多摩		
	生態系・野生生物		
	南アルプス・知床		
		海中・湿原	
		西表・釧路湿原・やんばる・慶良間	
		生物文化多様性？	
1930年代	1960年代	1990年代	2000年代以降

図7-1　国立公園指定の変遷

たが、実現したのは昭和に入ってからであった。それ以前は、珍しいものや貴重なものを文化財として保存する「天然記念物」が指定されていただけであった。国立公園制度創設にあたっては、国民の休養やレクリエーションの場として位置づけるか、厳正に自然保護の場とするかが議論となった。当初の指定候補地には、水力発電などの開発予定地もあり、国立公園法の条文の曖昧（あいまい）さもあって、自然・風景の保護目的を「内包」していたとの指摘もある[2]。自然保護が優先されるのではなく、開発や利用を認めたうえで、保護に配慮するというものである。

　日本の国立公園は、一度に指定されてはいないので、指定された時期の社会状況の影響を受けている（**図7-1**）。そのため、よくいえばバラエティに富み、批判的に見れば統一感に欠ける。しかし、だからこそ原生自然から二次的自然である田園や漁村などの生活の場にも景観的な価値がある日本の状況を正しく反映している。

　国立公園法の制定から3年後に、最初の国立公園が指定された。当初の選定方針は、雄大な自然風景であること、人文景観を包含していること、利用のためのアクセスがよいことなどであり、その地域の土地所有に関係

ii) 1931年の法律制定時には「国立公園法」であったが、1957年に「自然公園法」となった。

137

写真7-2　中部山岳国立公園の上高地の眺望〔撮影：敷田麻実〕

なく指定することが前提になっていた。このように、日本の国立公園は当初から自然だけではなく、文化的な要素をとり込んでいた。1934年3月に、最初の国立公園として瀬戸内海、雲仙、霧島が、同年12月に阿寒、大雪山、日光、中部山岳、阿蘇が指定された。さらに1936年には十和田、富士箱根、吉野熊野、大山が加わり、第二次世界大戦前にすでに12の国立公園が指定されていた。この時期に指定された国立公園は、多数の観光客が訪れる温泉地などを含んでいる。阿寒や中部山岳などの日本を代表する広大な景観地と、雲仙や霧島などの温泉保養地、瀬戸内海や日光などの歴史的・文化的な景勝地、生態系の重要性だけではなく、人とのかかわりで生じた文化も評価されて指定がはじまったのが日本の国立公園である（**写真7-2**）。

　第二次世界大戦中、国立公園行政は一時停滞したが、戦後はGHQ（日本占領下の連合軍総司令部）の自然保護の専門家チャールズ・リッチー[iii]の助言もあり、都市近郊の風景地である秩父多摩甲斐、支笏洞爺などが国立公園に指定された。また同時期には、伊勢志摩や上信越高原などのように、アクセスのよさや観光、レクリエーション利用が考慮されて指定された国立公園もあり、近代的な利用は認められてきた。

iii）Richey, Charles A.は、1948年にGHQの要請でアメリカ内務省国立公園局から日本に派遣
　　　されて、日本各地を視察する。国立公園の自然保護を優先する「リッチー覚書」を残した。

次の変化は、1971年の「環境庁」の発足によって訪れる。当時は高度経済成長の影響によって起きた公害が社会問題となり、その一方で乱開発によって破壊された生態系の価値が再評価されはじめていた。そのため、価値の高い生態系を保護することへの国民の関心は高まっていた。1972年には「自然環境保全法」も制定され、小笠原や知床など、風景よりも生態系の保全をめざす国立公園が指定され、1964年に指定されていた屋久島が霧島国立公園に編入された[iv]。この3つはのちにユネスコの「世界自然遺産地域」に登録された自然環境の豊かさを特徴とする国立公園である。この時期以降、国立公園の指定対象は、人がかかわって形成された景観などの文化的な要素から、生態系の保全へと移っていった。

3. 関連する保全制度の多様化

　ユネスコ（国際連合教育科学文化機関）が「人間と生物圏（MAB）計画」に基づく「生物圏保存地域（のちにユネスコエコパーク）」を初めて認定したのは1976年である。MAB計画は、自然および天然資源の合理的利用と保護に関する科学的な研究を国際協力のもとに進めることをめざしていた。世界各国で進んでいた無秩序開発から貴重な生態系を保護するために、国際機関による介入が必要であるという科学者たちの認識に基づいた計画であった。日本では1980年に白山、志賀高原、大台ケ原・大峯山・大杉谷、屋久島・口永良部島の4地域が認定されている。
　また湿地の保全を推進するための制度として「ラムサール条約」がある。水はけが悪いなどの理由で利用価値がないと思われていた湿地は、野鳥の繁殖地や湿地特有の植物の分布を支えるなど、さまざまな野生生物にとって代替できない場所である。そのため、湿地を乱開発から守り、「賢明な利用」を促進するという目的で国際合意され、1971年にラムサール条約が採択された。日本は1980年に同条約の加入書をユネスコに寄託し、同年10月に条約が発効した。その際には、釧路湿原が日本で最初の登録地となった（**写真7-3**）。またその後、北海道浜中町の霧多布湿原のように、

---

iv）同国立公園は2012年には再び2つに分離された。

レクリエーションで利用することで、子どもの頃に遊んだ場所として湿原の記憶をとり戻し、そこから湿原の新たな価値、文化サービスとしての価値を見出そうという動きもあった[v]（第8章参照）。

さらに1987年には、「ワシントン条約」の批准を期に、現在の「種の保存法」の前身となる「絶滅のおそれのある野生動植物の譲渡の規制等に関する法律」が制定された。同年には、絶滅のおそれのあるタンチョウの繁殖地であり、ラムサール条約登録湿地である釧路湿原が国立公園に指定された。

1990年代に入ると、MAB計画でも大きな変化が生まれた。それは1995年にスペイン・セビリアで開催された第2回 世界生物圏保存地域会議で、生態系の保全と持続可能な利用の調和、「自然と人間社会の共生」を生物圏保全地域のためのコンセプトとした「セビリア戦略」が採択されたことである。この戦略のなかに含まれた「生物圏保存地域世界ネットワーク定款」では、保全、経済と社会の発展、学術的研究支援の3つの機能と、核心地域、緩衝地域、移行地域の3つのゾーニング[vi]を具体的に定義

---

v）霧多布湿原の保全活動については、敷田・木野・森重（2009）を参照[3]。
vi）核心地域は「生態系を長期にわたって厳格に保全する地域」、緩衝地域は「核心地域を保護するための緩衝となる地域で、教育・研修・エコツーリズムに活用する地域」、移行地域は「人が生活し、自然と調和した持続可能な発展を実現する地域」である。

し、生態系の豊かさが保全されているか、地域主導の活動となっているか といった、持続可能な資源利用や自然保護と調和のとれたとりくみを進め る組織や計画を厳密に審査することを定めた。生態系の厳密な保全をめざ すユネスコ世界自然遺産とは異なり、保全された生態系を持続可能なかた ちで利用することによって地域社会の経済的発展を図っている。

　日本でも前述した白山などの4地域が、新しい審査基準を満たすことが 求められた。初期の生物圏保存地域の指定では、生態系の保全が最大の関 心事であり、保全された生態系を利用するという発想はなかったからであ る。そのため、人が生活し、自然と調和した持続可能な発展を実現する移 行地域、言い換えれば、保全された生態系から生まれる生態系サービスを 享受できる地域の設定と、生態系サービスを持続的に活用していく方策に ついての検討が進められた。

　そして4地域とも再認定を受け、生物圏保存地域という馴染みにくい名 称から、ユネスコエコパーク、あるいはエコパークという名称に変更する ことが提唱され承認された。2012年には32年ぶりに綾（宮崎県）が新規 登録され、2014年には只見と南アルプス、2017年の祖母・傾・大崩、み なかみ、2019年には甲武信を含めた全10地域で「JBRN（日本ユネスコ エコパークネットワーク）」を構成した。JBRNでは、エコパークを地域 づくりに役立てようとして、相互交流や学び合いを続けている。なかでも、 貴重な照葉樹林を核心地域とした宮崎県綾町では、「照葉樹林文化都市宣 言」をして、有機農業や芸術村、地産地消、エコツアーなどでユネスコエ コパークによる「綾ブランド」を確立した（**写真7-4**）。利用することで 価値を上げるという綾町の戦略の影響を受けて、多くの自治体がエコパー クの考え方に文化も含めてブランド化を進めることで地域振興に活かす点 に関心をもっている[4]。

　また、陸上生態系だけではなく、国立公園制度のなかでそれまで不十分 であった海洋生態系の保全も注目されるようになった。1972年の足摺宇 和海と西表石垣の指定にはじまり、慶良間諸島（2014年）や奄美群島 （2017年）が、海洋生態系を保全対象とする国立公園に指定された。後者 の奄美群島の国立公園指定では、環境省が「環境文化型国立公園」という コンセプトを提唱した。地域固有の生態系のなかで、自然と人間との相互

写真7-4　宮崎県綾の民宿で提供される薬膳料理

作用によりつくり出された住民の意識および生活、生産様式である「環境
文化」を踏まえた国立公園の管理運営と来訪者への紹介をめざしている。
そのため計画策定の段階では、地域住民がもっている生物相や生態系に関
する記憶や資源利用の実態を聞きとり、それを地図化するなどして国立公
園の運営に活かそうという試みが進められている[5]。それは生態系ととも
に生態系とのかかわりによって醸成されてきた人々の営み、つまり国立公
園も生物文化多様性を意識するべきであることを示している。

7-2　自然を利用しながら保全を進めるしくみづくり

1. 生物文化多様性を意識したとりくみ

　これまで述べてきたように、自然保護地域である日本の国立公園では、
人為的な介入を排除するのではなく、人と自然との相互作用を前提にした
生態系と地域の文化や暮らしの一体が保護対象になっている。しかし、自
然公園法はあくまでも大規模開発からの保護を目的としており、生態系と

文化の多様性を保護するためのしくみは現在でも整えられていない。

　一方、日本の国立公園の約38％が私有地であり、公園内での土地所有や産業活動も認めているため、地域の関係者との協働が欠かせない。環境省は2014年に、国立公園の望ましい保全と利用のビジョンを描き、管理運営のあり方を関係者で共有し、認識を共有化したうえで、それぞれの関係者が主体的に管理運営に貢献する協働型管理運営のとりくみをはじめた。自然環境を守るだけではなく、活用していくには地域の関係者の協力が欠かせない。国立公園の管理運営の大きな転換である。

　その流れを受けて、国立公園でも保護だけではなく、利用の促進と利便性の向上のとりくみが進められている。政府によるインバウンド観光の推進施策「明日の日本を支える観光ビジョン」のなかで、環境省が中心となった「国立公園満喫プロジェクト」がはじまった。地域ごとに協議会を設置し、外国人利用者の増加をめざして、国立公園の魅力を伝えるプログラムの充実や、公園内での利便性の向上などのプロジェクトがさまざまなかたちで提案されている。こうした事業は、外国人を対象とするだけではなく、これまでの国立公園とは異なる多様なサービスを日本人にも提供するために、地域の関係者が積極的に参加している点も特徴的である。

　さらに、国立公園の豊かな自然の恵みを受けた地域の暮らしを、まちづくりに活かしたとりくみを行っている地域も少なくない。北海道東川町は、大雪山国立公園の最高峰である旭岳の裾野に広がる街である。国内外からの移住者が増加し、個性的なカフェやショップが増えている[6]。人口8,000人の東川町は、旭岳の遠望、豊かな湧水、森林から生み出される木材などを資源に、農業、木工業、観光業などの産業振興にとりくんでいる。

　2018年には大雪山国立公園を含む石狩川上流区域が「カムイと共に生きる上川アイヌ〜大雪山のふところに伝承される神々の世界〜」として、日本遺産に認定された。古来より神々の遊ぶ庭と呼ばれてきた、公園内の主要な山や滝などが対象になっている（**写真7-5**）。アイヌとのつながりや伝承が維持され、毎年行われる山の安全祈願祭では、アイヌの儀式が執り行われる。東川町の周辺では、水源でもある豊かな水による農業が盛んで、火山堆積物によって形成された丘陵地は農業生産の場としてだけではなく、観光地にもなっている。

アイヌが「神々が遊ぶ庭」と呼んだ大雪山を望む〔撮影：敷田麻実〕

　以上のように、さまざまな生態学的特性をもつ日本の国立公園とその周辺地域にも、人々の暮らしによる文化がある。その文化は、地域ごとにちがいがあり、それが文化の多様性を生み出している。その相互作用がまさに生物文化多様性であり、国立公園を生態系の保全地域とするのではなく、生態系とそのかかわりの多様さを保全する地域と考えれば、新しい価値を見出すことができる。そこには価値ある生態系だけではなく、人の暮らしも含めた文化との相互関係の価値が多く含まれている。

7-3　生物文化多様性を実践するジオパーク

1. ジオパークとはなにか

　前節で検討したように、国立公園をはじめとした自然保護地域は、開発規制による生態系の保全を目的にしており、資源の積極的な活用という側面は弱かった。それに対して、地域の自然を持続的に活用していくことを支援するしくみとして注目されているのが、前述したセビリア戦略で示さ

れた生物圏保存地域（のちにエコパーク）やジオパークなどの新しいしくみである。この節ではジオパークについて詳説する。

　ジオパークエリアは、国立公園など自然公園法に定められている保護地域やエコパークとの重複度が高く、活用する資源はこうした制度によって保全されていることが多い。ユネスコの自然科学プログラムのひとつであるジオパークとは、「地球・大地（ジオ：Geo）」と「公園（パーク：Park）」を組み合わせた言葉で、「大地の公園」と訳されることが多い。地球科学的に価値の高い地域の「大地（ジオ）」と「自然（エコ）」と「生活、歴史、文化、産業（ヒト）」とのかかわりから、地球を学び、丸ごと楽しむことができる場所としくみのことである。ジオパークエリアでは、地形・地質遺産の保全と地域の自然・文化・無形遺産を活かした学習や観光、地域経済の活性化をめざしている。農業・物産・防災・環境保全・観光・教育など、多様な分野の関係者の協働の促進や新たな地域資源の創出など、持続可能な地域づくりのしくみとして一定の成果を上げている。

　ジオパークの歴史はそれほど古くない。2004年にユネスコが支援する世界ジオパークネットワークが設立されてから世界的な活動がはじまり、ユネスコの正式プログラムとなったのは2015年である。2019年には41か国147地域にユネスコジオパークがある。

　一方、日本には2種類のジオパークが存在している。ひとつは日本独自の「日本ジオパーク」である。これは日本ジオパーク委員会が認定するものである。もうひとつはユネスコが支援・認定する「世界ジオパーク」である。日本の地域が世界ジオパークになるためには、まず日本ジオパークになるのが前提で、そのうえで世界ジオパークへの認定を申請する。本章で紹介する白山手取川ジオパークは、現時点では日本ジオパークであるが、世界ジオパークをめざしている。日本で最初のジオパークは、2008年に記載されたアポイ岳、洞爺湖・有珠山、糸魚川、南アルプス、山陰海岸、室戸、島原半島の7地域であった。2019年現在、日本では44のジオパーク、148の自治体に広がっている。ジオパークの認定をめざす地域まで含めると、82地域、243自治体に及ぶ（これは日本の自治体数の14％にあたる）。新しいとりくみであるにもかかわらず、急速に拡大していることがわかる。

　地球科学的な価値の高い「地形と地質である大地」と生態系と人々の営みを持続可能な観光資源として活用するのが、「ジオツーリズム」である。大地に関する地球科学は高度な専門分野であるため、一般的には難解で、人々の生活感覚とも結びつきにくい。たとえば、100年前の営みなら感覚的に理解できても、1億年前の出来事といわれると実感することは難しいだろう。地球科学の空間と時間のスケールは、人々の生活感とはかけ離れている。科学知を必要とする地球科学は、そのままでは地域の資源としての生物文化多様性の保全と活用のための知識となることは難しい。また、大地や生態系を活用してきた人々の営みも、地域外の人が理解するのはなかなか困難である。というのも、地域に固有であるがゆえに、一見しただけでは、地域外の人が共感したり共有できるところは少ないからである。

　そこで大地と生態系と人の営みをつなげ、ジオパークの見どころをストーリー形式でわかりやすく伝える「ジオストーリー」が用いられる。これをうまくつくることによって、地球科学やその地域に詳しくない人も楽しみながら学ぶことができる。地域住民にとっては、ジオストーリーは地域の再発見を促すものであり、大地の遺産の保全から地域への誇りを新たにつくり出すきっかけになりうる。また観光客にとっては、ジオストーリーを楽しむジオツーリズムという新しい観光の提案である。いかに魅力的なジオストーリーをつくるかという点と、そのストーリーをいかにうまく地域住民や観光客に伝えるかという点がジオパークのポイントである[7]。ジオパークとは、ジオストーリーによって大地と生態系と人の営みのつながりを伝える活動である。

　ジオストーリーは、単に地形や地質を紹介するものではない。従来の観光では見落としてしまいそうな地域の歴史や文化、郷土料理などを紹介し、それらと地球科学的、生態学的情報とのかかわりを示す。こうしたジオストーリーをつくるためには、当然のことながら地球科学以外のさまざまな知識や知恵、情報が必要となる。地球科学の専門家と郷土史家、観光関係者、そして地域住民が相互に連携を図りながら、地域の特性を活かしたコ

ンテンツをつくり出していくのである[8]。そのためには行政、住民、研究者の密接なコミュニケーションが重要である。わかりやすさと正確さを両立させるには、一般市民の目と科学者の目の両方が不可欠であるからだ[9]。地域の生物文化多様性を科学知と在来知を組み合わせてストーリーとして表現していくプロセスを「ストーリー化」と呼ぼう。

3. 白山手取川ジオパーク

　そろそろ、ジョンとアキが日本酒を口にしたことがきっかけで訪問した白山手取川ジオパークを訪れることにしよう。白山手取川ジオパークは「山－川－海、そして雪：いのちを育む水の旅」をストーリーとしている。

　白山手取川ジオパークは、日本列島の中央部、日本海に面した石川県の南西に位置する白山市全域を範囲としている。日本三霊山のひとつである白山を源とし、日本海に注ぎ込む一級河川・手取川の流域がその範囲である。大地の成り立ちと、暖流が流れる日本海の影響を受けるこの地域は、世界的にもまれな低緯度の多量積雪地帯となっている。山頂部から海岸部までおよそ2,700mの標高差のなかに豊かな自然が広がっている（**写真7-6**）。高山帯の植物群落、山麓のブナ林などの原生的な自然環境は、カ

写真7-6
白山国立公園の登山を楽しむ登山者〔撮影：敷田麻実〕

モシカやイヌワシといった特別天然記念物に指定されている動物たちの貴重な生息地になっており、降雪の多さは麓に水の恵みをもたらし、神社や修行のための行場などの文化的な遺産も現存している。白山手取川ジオパークでは、源流の白山から手取川を流れて日本海に注ぐという水の循環、すなわち「水の旅」と岩礫を運ぶ「石の旅」を切り口として、火山や化石、峡谷や扇状地など大地の成り立ち、そこで形成されてきた生態系、大地と生態系を活かしてきた独自の地域の暮らし方を総合的に楽しみながら学ぶことができる。

　地質的には、2億数千万年前の飛騨変成岩類を基盤岩として、1億数千万年前のアジア大陸縁辺部に堆積した手取層群、中生代から新生代にかけての濃飛流紋岩類や、グリーンタフなど日本海形成過程で噴出した火山岩類が分布している。国指定の天然記念物である「桑島化石壁」からは、1億3千万年前の地層堆積当時の風景を再現できるほどの多種多様な動植物化石が大量に発見されている。ここから産出された恐竜などの化石は、はるか昔の生物を復元する成果を生み出してきた。化石発見や調査研究の歴史は明治初期までさかのぼり、日本の地質学の発祥の地と呼ばれているなど、世界的にも価値が高い。恐竜研究の現場を見て学ぶ意義は大きい。約40万年前から活動を開始した白山の火山活動による噴出物もある。白

写真7-7
雄大な景観のジオパークは魅力（白山国立公園）〔撮影：敷田麻実〕

山の堆積岩や火山性の岩石は手取川の水の力によって削られ、やがて礫となり砂となり、堆積する。水と石の旅によって、この地域の峡谷や扇状地などの地形ができた（**写真7-7**）。

　世界的にも多量多雪地帯である白山は、恵みとなる水をもたらしてくれる存在である。私たちは水がなければ生きていけない。しかし、恵みばかりをもたらしてくれるわけではない。普段はおとなしい手取川であるが、ときにとてつもない暴れ川となることがある。手取川は、恵みをもたらす存在であるとともに、水害という負の生態系サービスももたらす。

　手取川の上流部の河原にひときわ目立つ岩がある。「百万貫の岩」（石川県指定天然記念物）である。近寄ってみると、直径16ｍ、高さ19ｍという巨大さに圧倒される。これほど巨大な岩が、なぜ河原にあるのだろうか。白山地域は、急峻な地形に加え、多量の積雪やその融水など、地滑りや土石流の発生しやすい地形的特徴がある。1934年に起こった手取川大洪水は、死者・行方不明者109人、流出家屋240戸、床上浸水5,003戸という甚大な被害をもたらした。百万貫の岩はこの大出水のときに、圧倒的な水の力によって上流部から押し流されたのである。ここを訪問すると、普段の手取川の姿からはうかがうことができない水の怖さを想像することができる。

　百万貫の岩から少し下流へ移動すると、国指定重要伝統的建造物群保存地区の「白峰地区」に到着する。積雪が2ｍ近くにもなる豪雪地帯で、2階から3階の屋根までかかる大ハシゴや土壁、縦長窓などは、かつての主産業であった養蚕と関係し、独特の景観を形成している。平坦な土地に恵まれていなかったため、「出作り」という山に依存した暮らし方も発展させてきた。雪の消える5月上旬頃に、集落から数キロメートルから十数キロメートル離れた山の出作り小屋へ一家を挙げて移住し、焼畑農業を行っていた。近世以前から1950年代まであったという。平地が少なく山の恵みを最大限活かす、自然と折り合った暮らし方であった[10]。

　水は上流から下流へと流れていく。最下流の扇状地に広がる松任のまちなみまで足を運んでみると、用水がまちのなかを貫くように流れている。用水や豊富な地下水を利用した染色業、菜種油の精油業、日本酒の蔵元など、白山から旅をしてきた水の恩恵を活かした地域産業がある。一方、手

取川の氾濫に悩まされてきたため、氾濫時の浸水被害を抑えるために、周囲よりもわずかでも高い土地の上に集落を形成することで浸水被害を軽くしてきた。氾濫時には、集落が水に浮かぶ島のように見えたことから「島集落」と呼ばれる独特の景観が広がっている。恩恵は受けたいが、リスクはなるべく小さくしたい。そのような暮らしの知恵をこの景観から読みとることができる。

　水が豊富であるがゆえに水に悩まされる。命を育む水の旅・石の旅とは、そのような地域における自然と折合う知恵を学ぶ旅であった。日本酒を嗜みながら、美しい布に目を輝かせながら、自然の災いと折合う人々の知恵を知る。自然の恵みを享受しながら、その一方で自然の怖さも学んでいく。これがジオパークによる生物文化多様性の楽しみ方（活かし方）なのである。

4. 日本酒と生態系のストーリー

　冒頭のマンガは、ジョンとアキに伝えたい生物文化多様性とかかわるジオストーリーである。日本酒を仕込むのは杜氏の仕事であるが、原料の水や米は生態系の恵みである。日本酒造りでは、洗米、浸漬、仕込み水などたくさんの水が必要であり、水によって日本酒の味は変わってくる。おいしい日本酒には、豊富な水が欠かせない。また、日本酒は世界でも珍しいカビの一種である麹菌が醸し出す酒なのだ。日本酒には黄麹菌という、醤油や味噌などの醸造にも使われる麹菌によって醸し出される。この麹菌は蔵元ごと、あるいは蔵ごと、樽ごとにも異なっており、それが蔵元ごとに独特の味や香りをもつ日本酒を造り出すのである。

　おいしい日本酒は白山の恵みといってよい。白山の生態系の基盤となっているのは、数億年という長い時間の地球活動によってつくられてきた地形や地質という大地であり、気候である。水と米という大地を基盤にした生態系の恵みを材料として、日本酒にする知識や経験、技術といった人々の営みがある。それを助けるのが麹菌という生物である。私たちが何気なく口にする日本酒は、大地と生態系と人の営みの産物にほかならない。これからも、日本酒を楽しむために、私たちは大地と生態系と人の営みの関

係を理解し、その関係が持続できるようにしていく必要がある。これが日本酒の生物文化多様性のジオストーリーであり、大地のジオストーリーの最後の場面なのである。

白山手取川ジオパークを巡ってみると、それぞれのエリアで大地と気候風土に育まれた生物相の特徴を活かした人々の営みを学ぶことができた。ジオパークとは単なる大地の公園ではない。大地と生態系と人の営みのつながり、すなわち生物文化多様性を学ぶためのしくみなのである。

日本ジオパーク委員会の委員長として、日本のジオパーク活動を牽引してきた尾池和夫は、ジオパークとは「見る・食べる・学ぶ」活動であるとした[11]。何も難しく考えることはない。ジョンとアキのように、おいしいものを食べたり飲んだりしてみたことから生じた疑問を大切にし、地域を見て、そして学んでみる。ただ、そのためには何らかの仕掛けが必要だ。白山の日本酒は、それだけでも十分魅力的な地域資源である。ひとつひとつの魅力的なサイトや資源を、大地と生態系と人の営みをストーリーとして見えるようにつなげていく。そこから単体では生み出せない、つながりという魅力が生まれてくる。日本酒と白山がつながることによって、日本酒の魅力も向上していくのである。このジオストーリーによってサイトや資源を見たり、食べたり、飲んだり、学んだりすることが、かけがえのない自然体験となっていく。

こうしたストーリー化によって、地域外の人々の共感を呼び込み、消費や地域のファンの獲得につながっていく。生物文化多様性が新しい地域経済のベースになるとともに、消費による経済効果が地域の自然を守っていくことにもつながっていく。ときには、ストーリーそのものが消費の対象となることもある。白山手取川ジオパークでは「ゆきママとしずくちゃん」という「ゆるキャラ」が誕生している。ストーリーからゆるキャラという新たな現代文化が生まれてくるのは、その一例だ。ゆるキャラを求めてジオパークを訪問するのも、生物文化多様性の新しい活かし方かもしれない。

ジオパーク、あるいはエコパークや国立公園も含めたしくみの役割のひとつは、生物文化多様性のストーリー化を促すところにある。生物文化多様性は抽象的であるため、なかなか理解するのは困難だ。しかし、ストー

リーがあれば、それに従って楽しんでいける。そうすれば、生物多様性と文化多様性のつながりが学びやすくなる。ジオストーリーはその点で参考になる。

　守ることと使うことの循環に向けて、どのように生物文化多様性のストーリーをつくっていけばよいのだろうか。生物文化多様性を活かす社会に向けた大きな課題である。

参考文献

1）伊藤太一（2018）「保護地域とその管理」筑波大学自然保護寄付講座編『自然保護学入門』筑波大学出版会, pp.135-147.
2）村串仁三郎（2005）『国立公園成立史の研究−開発と自然保護の確執を中心に』法政大学出版局, 417p.
3）敷田麻実・木野聡子・森重昌之（2009）「観光地域ガバナンスにおける関係性モデルと中間システムの分析−北海道浜中町・霧多布湿原トラストの事例から−」『地域政策研究』(7), pp.65-72.
4）松田裕之・佐藤哲・湯本貴和編（2019）『ユネスコエコパーク−地域の実践が育てる自然保護』京都大学学術出版会, 343p.
5）岡野隆宏（2016）「質的調査による地域資源評価の事例」愛甲哲也・庄子康・栗山浩一編『自然保護と利用のアンケート調査』築地書館, pp.253-282.
6）玉村雅敏・小島敏明編著（2016）『東川スタイル−人口8000人のまちが共創する未来の価値基準』産学社, 176p.
7）大野希一（2011）「大地の遺産を用いた地域振興−島原半島ジオパークにおけるジオストーリーの例」『地学雑誌』120(5), pp.834-845.
8）大野（2011）前掲論文
9）渡辺真人（2014）「ジオパークの現状と課題」『E-journal GEO』9(1), pp.4-12.
10）山口一男（2016）「白山地域の山村の生業と文化多様性」飯田義彦・中村真介編『白山ユネスコエコパーク−自然が紡ぐ地域の未来へ』UNU-IAS OUIK生物文化多様性シリーズ2, pp.52-57.
11）尾池和夫・加藤碩一・渡辺真人（2011）『日本のジオパーク−見る・食べる・学ぶ』ナカニシヤ出版, 199p.

第 8 章

観光・交流と生物文化多様性

観光・交流と生物文化多様性には、どのような関係があるのだろうか。生物文化多様性とは、生物を含む多様な自然環境とその恩恵を受けて培ってきた人々のさまざまな文化の相互作用である。一方、観光は人々（観光客）と自然環境（地域資源）の相互作用と捉えることができ、同じ構造で理解できる。本章では、まず生物文化多様性を考えるうえで観光をとり上げる理由を説明し、近年の観光動向を明らかにする。そのうえで、具体例を挙げながら、観光が生物文化多様性にどのように貢献できるのか、観光が果たす役割について考えていく。同時に、生物文化多様性を活かすことが観光にとって有用であることを指摘し、生物文化多様性から見た今後の観光の可能性についても触れていく。

北海道標津町でのスノーシューツアーの様子

北海道標津町
スノーシューツアー

おぉ～、雪だー！
さすが
ホッカイドー！

でも超寒い～
シンガポールじゃ
ありえないわー

も～
はしゃぎすぎよ。

ジョン知ってる？
本州と北海道では
生き物が全然違うのよ。

そうなの？

そのとおり！
ブラキストン線と
いうところで分かれて
いるんだ。

ブラキストン線

このあたりは
アイヌの遺跡
なんだよ。

え〜！
アイヌ！

アキ〜
アイヌって何？

北海道の先住民よ。

へー
何で集まって
住んでたの？

あはは
寒いのは当たってるね。
北海道の川や湖は冬になると凍るけど
ここには湧き水があったんだよ。

おしくら
まんじゅう？

寒いから？

それに秋には川にサケが遡上し食料が安定して得られたんだ。

今でもサケ漁業が盛んなんだよ。

へぇ～！昔と変わらないってスゴイなー！

サスティナブルだ！

観光って自然と文化のかかわりも学べるんですね。

「サケトバ」での呑むのもその文化だよ。

どう？

ぜひ、ぜひ！実は寒くてしょうがなかったんだ。

呑んでもいいけど

呑まれないでねー。

地域資源の保全と観光利用のバランス

　冒頭のマンガを読んで、観光と生物文化多様性の関係をイメージできただろうか。ある土地の多様な自然環境と、その恩恵を受けた人々が培ってきたさまざまな文化は、相互に影響を及ぼしながら変化してきた。本書では、こうした多様な自然環境（生物多様性）とさまざまな文化（文化多様性）の相互作用を生物文化多様性と呼んでいる。後述するように、観光も人々（観光客）と自然環境（地域資源）の相互作用といえ、同じ構造で理解できる。本章では、観光が生物文化多様性にどのように貢献できるのか、また生物文化多様性を活かしてどのような観光を推進できるのかについて考えたい。

　観光と生物文化多様性の関係について考える前に、まず観光の考え方を整理しよう。観光とは、一般に「楽しみのための旅行」と理解されている。しかし、その内容は多様であり、たとえば観光を「労働」に対する「余暇」の概念として捉えるのか、日帰り旅行を観光に含むのかなど、観光学のなかでもさまざまな見解が存在する。なお、世界観光機関（UNWTO）は観光を「余暇、ビジネス、その他の目的のため、継続して1年を超えないで、普段の生活環境を離れて旅行あるいは滞在する人々の活動」とし、楽しみ以外の要素も含めて観光を定義している。このように、観光の考え方はさまざまであるが、本章では「ある場所に移動して他者と出会ったり、体験したりする活動やしくみ」[1]と、観光を幅広く捉えたい。その意味で、「交流」と呼ばれる活動の一部も含まれる。観光の本質は、日常生活圏を離れた場所へ移動し、そこでさまざまな出会いや感動、知識などを得て、精神的な豊かさを求めることにある。

　観光は、観光地（観光対象）、観光客（観光行動）、媒介機能（観光情報・観光交通）、観光政策・観光行政という4つの要素から成り立っている[2]。観光地には自然環境や文化、歴史など、観光に利用できるさまざま

な地域資源があり、媒介機能はその情報を観光客に伝え、観光客を観光地へ送客する。このように、媒介機能によって観光客と地域資源がある観光地がつながることで観光が成立する。

　では、生物文化多様性について考えるうえで、なぜ観光をとり上げる必要があるのか。それは、人と資源をつなぐ機能を備えているからである。前述した媒介機能によって都市と農村がつながれば、新たな資源利用や生物文化多様性の理解促進など、都市と農村双方にさまざまな社会的効果が期待できる。また、観光産業は裾野が広く、外需をとり込みやすい。日本の人口が減少傾向にあるなかで、政府が観光を成長産業のひとつに位置づけている理由もここにあり、地域経済にもたらすインパクトも大きい。観光が生物文化多様性にもたらす具体的な役割については後述するが、観光への期待はますます高まっている。

2. 地域資源の観光資源化の圧力

　観光は観光客と地域資源がつながり、両者に相互作用が生じることによって成り立っているが、あくまで地域資源の「利用」を前提とした活動やしくみである。そのため、観光ではしばしば地域資源の一方的な利用である過剰利用（オーバーユース）が問題になってきた。たとえば、日本では1950年代後半からの高度経済成長に伴い、観光の大衆化（マスツーリズム）が進んだ。その結果、1970年代には一度に大勢の観光客が押し寄せることで、観光地の混雑やゴミ問題、自然環境の破壊、地域文化の変容、観光による利益の地域外漏出などの「観光公害」が指摘されるようになった。しかし、観光客が入場料や利用料などのかたちで地域資源の利用に必要な対価を支払うことはあっても、地域外からの来訪者にすぎないので、その保全の責任は必ずしも負わない。そのため、オーバーユースによって地域資源の価値や魅力が失われると、観光客は新たな地域資源がある別の観光地を訪れるようになる。旅行会社などの観光事業者も基本的には同様の立場であるため、地域資源はいわば「使い捨て」にされてきた。

　こうした観光公害に加え、環境問題が深刻化するなかで、1980年代にはマスツーリズムに代わる「オルタナティブツーリズム」が提唱された。

その具体的な観光形態として、自然環境に配慮した「エコツーリズム」や観光客や観光事業者にも責任ある観光行動を求める「責任ある観光（レスポンシブルツーリズム）」などが誕生した。さらに、1990年代になって資源の保全と利用のバランスを重視する「持続可能な観光（サスティナブルツーリズム）」の概念が確立されると、それが世界的な潮流になり、地域資源や観光地に配慮した観光が試みられはじめた。観光客や観光事業者はそれまでの資源の使い捨てではなく、寄付金や協力金を拠出したり、ボランティア活動に従事したりするなど、次第に地域資源の「保全」を意識するようになった。

　2000年代以降、国内では「観光資源の活用による地域の特性を活かした魅力ある観光地の形成を図る」（観光立国推進基本法　第13条）という考え方のもと、多くの地域が地域資源を利用した「観光まちづくり」にとりくむようになった。そこでは観光事業者だけではなく、地域の自治体や住民も「宝探し」などと呼んで地域資源の価値や魅力を発掘し、それらを積極的に観光に利用しはじめた。地域にあるモノやコトの観光利用の可能性を見出し、働きかけ、利用できる状態に変換することを「観光資源化」という。特に、これまで観光資源のまなざしが向けられてこなかった、地域住民に身近な生活空間や文化、景観なども観光資源化されていった。これらの資源は開発コストが少ないうえ、地域の個性を活かし、差別化を図りやすいことから、観光資源化されやすい。

　地域の自治体や住民だけではなく、第7章でとり上げられていたように、環境省は訪日外国人旅行者を国立公園に惹きつける「国立公園満喫プロジェクト」にとりくんでいる。また、文化庁は地域の歴史的魅力や特色を通じて、日本の文化・伝統を語るストーリーを認定する「日本遺産」、観光庁は博物館や歴史的建造物などを会議やレセプションで利用する「ユニークベニュー」を推進するなど、政府も多様な地域資源の観光利用を積極的に進めている。

　さらに2010年代に入ると、SNS（ソーシャル・ネットワーキング・サービス）の普及によって、観光客が見つけた地域資源の価値や魅力、体験についての情報を自身で容易に発信できるようになった。特に、観光客がある場所で撮影した写真をSNSに投稿した結果、それが世界中に配信さ

写真8-1
SNS映えスポットとして知られる元乃隅神社（山口県長門市）

れ、同じ場所で写真を撮ろうとして、大勢の観光客が訪れるケースは珍しくない（**写真8-1**）。これらの多くはもともと有名な観光地ではなかったが、「SNS映えスポット」や「フォトジェニックスポット」などとして人気を博している。その背景には、観光客がガイドブックに掲載されている有名な観光資源だけでは飽き足らず、よりニッチな観光資源を探し出してSNSに投稿し、評価を求めるようになったことが挙げられる。地域側も景観や食べ物などを「スポット」として積極的に紹介し、観光資源化を試みている。こうした現象について、メディアがたくさんの複製をつくり上げている状況のなかで、複製ではない本物を見たり、触れたり、聞いたりしたいという人々の欲求が強まっているという指摘もある[3]。このように、観光事業者だけではなく、地域の自治体や住民、政府、観光客までもが、さまざまな地域資源を観光対象と捉え、観光資源化しようとする傾向が強まっている。

3. 近年の観光と地域資源の関係の変化

2010年代に入って訪日外国人旅行者が急増し、一部の地域では「オー

バーツーリズム」と呼ばれる現象が起こっている。基本的には、1970年代の観光公害と同様、一度に大勢の観光客が押し寄せることによって起きる弊害であるが、以前とは異なった状況も見られる。ひとつは文化的背景の異なる外国人旅行者の増加である。確かに、写真8-1の元乃隅神社のように、異なる文化をもつ外国人旅行者によって地域の新たな魅力が発掘されることもある。他方で、日本人であれば当たり前のルールやマナーなども逐次説明し、理解を求めなければならず、予期せぬ事態が起こっている。もうひとつは前述したように、地域住民に身近な生活空間や文化、景観などが観光資源化されたことで、生活空間と観光空間が近接あるいは重複し、地域資源のオーバーユースだけではなく、地域住民の生活に支障をきたすケースが出ている。マンションの空き部屋を宿泊施設として提供する民泊の問題などは、その典型例といえよう。

さらに、SNSの普及によって誰もが容易に情報を発信できるようになると、地域の意図しない情報が一方的に発信される可能性も生じる。地域の人々が気づかないうちに、観光客に知られたくない地域資源が観光資源化されたり、逆にデマや悪評が広まったりすることもある。しかも、こうした情報がいったん広まってしまうと、元の状態に戻すことは極めて困難である。そのため、地域資源の観光資源化を抑制しようとする動きもある。

このように、地域資源は常に観光によるオーバーユースのリスクにさらされてきた。もちろん、観光によって地域資源の埋もれていた価値を再認識したり、新たな魅力に気づいたりする機会がつくり出される。それによって地域内外の多様な人々の交流がはじまったり、地域への誇りや愛着が芽生えたり、経済効果を生み出したりすることもある。さらに、資源利用をある程度コントロールし、オーバーユースを抑制するためのさまざまな手法も開発されてきた。

一方で、観光と地域資源の関係をめぐる環境は大きく変化している。従来は観光地側が地域資源の価値や魅力を発掘し、媒介機能のひとつである観光事業者がそれらを観光商品として観光客に提供し、観光客が享受するというように、関係者の役割は固定していた。しかし、いまや観光客が地域資源の価値や魅力を見出したり、SNSでその情報を発信したり、場合によってはそれらの保全にかかわったりするなど、観光をめぐる関係者の

かかわりは多様化している。

　重要なことは、こうした観光と地域資源の関係性の変化を踏まえながら
も、観光はあくまで地域資源の「利用」を前提とした活動やしくみである
ことを理解することである。そのうえで、観光がもたらす効果を享受する
ために、地域資源の保全と利用のバランスを図り、持続可能性を意識する
ことが大切である。併せて、本書では詳しく触れないが、地域資源の観光
利用にあたって、観光客も含めた当事者間であらかじめルールを決めてお
くといった、観光ガバナンス[i]も意識するべきであろう。

8-2　生物文化多様性に貢献する観光

1. 観光による地域の生物文化多様性への気づきや学び

　地域資源の観光利用とその変化について述べてきたが、地域資源は何も
観光客だけが利用するわけではなく、地域の人々を含むさまざまな人々が
利用しており、当然それらの影響も受けることになる。しかし、観光には
「地域外から人々が訪れ、地域にある資源やサービスを利用する」という
特徴がある。そして、地域の人々による日常的な利用ではなく、地域外の
人々（来訪者）による非日常的な利用であるところに、観光の可能性があ
る。たとえば、地域の人々にとって見慣れたものやありふれたものであっ
ても、地域外からの来訪者にとっては見慣れない、珍しいものであること
は少なくない。観光はこの非日常性を価値や魅力に変換することで観光資
源化しているが、これが地域の生物文化多様性への気づきや学びを促すこ
とがある。

　ここで、もう一度冒頭のマンガを思い出してみよう。ジョンとアキは自
然体験を求めてスノーシューツアーに参加した。しかし、ガイドの解説は

---

i) 観光ガバナンスとは、「不確実性の高い移動を伴う来訪者も含めた、観光にかかわる多様な関係
　者の意思決定や合意形成を促すとともに、その活動を規律・調整するためのしくみやプロセス
　とその考え方」と捉えている[4]。

野生動物や植生にとどまらず、先住民であるアイヌの歴史やそこから現在に至る地域の産業など、地域の歴史や文化にまで及んでいる。これは、ガイド付きツアーではよく見られる光景である。ガイドはその地域のありふれた自然環境や歴史、文化について語っているにすぎない。しかし、ジョンやアキにとっては初めて見たり聞いたりする出来事であり、こうした非日常性が価値や魅力をもつ観光資源になる。第4章で自然環境と文化の特色ある結びつきに光を当てることで、外に発信するストーリーを深めることができるという指摘があったが、ガイドの解説が地域の自然環境から歴史や文化へと広がっている点が重要なポイントである。

　観光学では、世界遺産の分類と同様、地域資源を一般に自然観光資源と人文観光資源に分類する。ところが、実際の地域資源を分類するとなると、両者の境界は極めて曖昧である。たとえば、海で生息する魚は自然観光資源と容易に分類できるが、それでは魚を捕らえる漁業や漁法、捕らえた魚を用いた郷土料理、漁の安全を祈願する祭りは、自然観光資源と人文観光資源のどちらであろうか。また、水族館で生息する魚はどちらの観光資源であろうか[ii]。こうした問題は世界遺産においても生じている。たとえば、富士山や奈良県の春日山原始林はいずれも自然観光資源に分類できるが、実際の世界遺産では文化遺産として登録されている（**写真8-2**）。

　ここでは、観光資源の分類方法について議論するのではなく、この曖昧さこそが生物文化多様性の理解につながることを指摘したい。前章までの議論ですでに明らかであるが、漁業や漁法、郷土料理、祭りなどはいずれも、地域の人々が魚にかかわることによって生み出されたものである。第3章で述べていたように、こうした人々と自然環境のかかわりによって、多様な文化が形成されることへの気づきこそが、生物文化多様性の理解につながる。つまり、スノーシューツアーでジョンとアキが気づいたように、観光は、人々と自然環境のかかわりを理解し、そこから文化が生み出されていくという生物文化多様性について考えるきっかけをつくり出す可能性をもっている。

ii）一般的には、人間の力では創造することができないものを自然観光資源、人間の力によって創造されたものを人文観光資源と呼んでいる[5]。

写真8-2　世界文化遺産に登録されている富士山

ちなみに、先ほどの富士山は信仰の対象や芸術作品の源泉である点、また春日山原始林は信仰の対象が日本人の自然観に結びついている点が「顕著に普遍的な価値」として認められ、世界文化遺産に登録されている。いずれも、人々が自然環境にかかわることによって生み出された固有の文化的価値が評価されたといえよう。

2. 地域の生物文化多様性を支える観光

　観光が生物文化多様性に貢献する可能性はこれだけではない。観光の考え方はさまざまであると述べたが、地域外からの来訪者は、非日常の楽しみを求めて一時的に訪れるマスツーリストだけではない。ある地域のファンになって頻繁にその地域に通うリピーターのほか、最近は長期間その地域に滞在する長期滞在者や主たる居住地を複数もつ二地域居住者なども増えている。また、日常生活圏を離れてボランティア活動を行うボランティアツーリストも、東日本大震災をきっかけに増えている。このように、多様な来訪者が地域にかかわるようになっており、観光による交流人口に代わって近年は「関係人口」と呼ばれることもある[6]。

　こうした来訪者のなかには、単に地域資源を利用するだけではなく、地

写真8-3　阿蘇の草原での放牧の様子

域に愛着を抱いたり、地域資源の保全活動に参加したりする人もおり、彼らが地域の生物文化多様性を支えている例もある。たとえば、熊本県阿蘇地域には中央火口丘や外輪山の一帯に、来訪者を魅了する壮大な草原と放牧の風景が広がっている（**写真8-3**）。これは第4章で触れた、放牧や草肥などのために人々が手を加えた半自然草原である。しかし、近年は畜産農家の減少や過疎化・高齢化などにより、野焼きに従事する人々が減少し、草原の維持が困難になりつつある。これらは地域の人々の自然環境へのかかわりが低下し、地域の生業だけでは草原を維持できない過少利用（アンダーユース）の問題である。

　そこで、地域資源の利用を前提とする観光が期待されている。阿蘇地域では、毎年全国からボランティアを募って、草原保全のための野焼き・輪地切り（防火帯づくり）支援活動が行われている。このボランティア参加者には研修会への参加が義務づけられており、阿蘇の草原における野焼きの役割について講義を受けることになっている。また、「草原保全体験ツアー（ボランツーリズム）」も行われているが、そこでも参加者は草原についての説明を受けた後、輪地切り体験を行うことになっている。こうしてボランティア参加者は人々と自然環境の相互作用を理解するだけではなく、彼らがかかわることによって阿蘇の草原が維持され、畜産業だけではなく、

景観としての観光資源も保全されることを知る。もちろん、これらのとりくみだけで阿蘇地域のアンダーユースの問題が解決するわけではない。しかし、阿蘇地域に興味や関心をもつ多様な人々が地域外から訪れ、野焼きや輪地切りといった活動によって草原の維持が図られている。このように、人々と自然環境の相互作用を理解しながら、非日常的な体験に従事するという観光を通して、地域の生物文化多様性が支えられている。

　こうしたとりくみは第4章でも紹介されていた。長野県木曽町の開田高原<ruby>開田高原<rt>かいだこうげん</rt></ruby>では、木曽馬の文化と草地の再生を結びつけるとりくみが地域の人々や移住者、関心をもつ地域外の人々によって試みられていた。地域に興味や関心をもつ地域外の人々のなかから、地域に魅了され、移住する者が現れれば、人口減少や高齢化対策の一助にもつながるかもしれない。

3. 新たな生物文化多様性を創出する観光

　観光は地域資源の利用を前提とした活動やしくみであると述べてきたが、同時に人々と自然環境の相互作用でもあることから、新たな文化を創出する活動ともいえる。つまり、観光を通じた自然環境の利用から、新たな生物文化多様性が創出される可能性がある。

　北海道東部に位置する浜中町には、面積約3,168 haの霧多布湿原<ruby>霧多布<rt>きりたっぷ</rt></ruby>が広がっている（**写真8-4**）。現在の霧多布湿原はエコツアーなどで利用される観光資源であるが、かつては「何の役にも立たない厄介な土地」として、ゴミや使わなくなった漁具、廃船までが捨てられるような場所であった[7]。1983年、霧多布湿原に魅力を感じ、何度も訪れていた来訪者が浜中町に移住し、湿原の眺めがよい土地に喫茶店を開業した。喫茶店では、コーヒーを飲みながらゆっくり湿原を眺めるという、これまでの地域の人々にはなかった非日常的な過ごし方が生まれた[8]。そして、移住者や観光客が喫茶店を訪れた地域の常連客に湿原の魅力を語るうちに、常連客も湿原に魅力を感じるようになった。その後、喫茶店の常連客を中心に、湿原で花見やバーベキュー、歩くスキーなどを楽しむ会が結成された[9]。一方で、湿原内に住宅が建ち、ゴミ捨て場として使われるなど、資源としての質の低下を実感しはじめていたことから、常連客たちは湿原の保全活動にとりく

写真8-4　観光を通して新たなかかわりが生まれた霧多布湿原

むようになった。それが、現在のNPO法人霧多布湿原ナショナルトラストの活動につながり、エコツアー事業の収益や寄付によって湿原内の民有地の買い取りや湿原の復元を行っているほか、環境教育、エコツアーなどが実践されている。

　かつての霧多布湿原は、収穫した昆布を運ぶ馬の放牧の場として、また仏壇に供える花を摘んだり、ジャムの材料にするコケモモを採ったりする場として[10]、地域の人々との日常的なかかわりが存在した。しかし、生活環境の変化とともに、湿原は経済的な価値を生み出さない土地と見なされるようになり、かかわりが低下していった。その湿原に観光のまなざしが注がれることによって、環境教育やエコツアーといった、以前とはまったく異なるかかわりがつくり出された。それが地域に新たな経済的価値を生み出し、民有地の買い取りや湿原の復元を通して、生物多様性の維持も試みられている。このように、観光は人々と自然環境の新たなかかわりを生み出し、生物文化多様性を創出する可能性ももっている。

4. 都市と農村の生物文化多様性を補完する観光

　最初に都市と農村をつなぐ観光の効果について触れたが、第3章で述べ

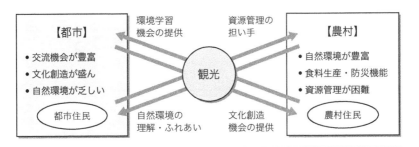

図8-1　観光を通じた都市と農村の生物文化多様性の補完イメージ

ていた都市と農村の確執を超える生物文化多様性に観光が貢献する可能性
もある。そこでは、「自然環境（生態系）と人々が生み出した文化の相互
作用の充実度」で社会を評価するために、生物文化多様性を活用する可能
性に言及していた。都市や農村の特性を考えると、都市だけ、あるいは農
村だけで生物文化多様性を考えるには限界がある。しかし、観光を通して
都市と農村の新たな関係に着目すれば、生物文化多様性の理解促進や新た
な活動創出の可能性が見えてくる。たとえば、本章でとり上げてきた事例
のように、都市に住む人々が農村を訪れることで、資源管理の担い手とな
り得る一方、彼らは自然環境へのかかわりから文化が生み出されることを
学ぶきっかけを見出せる。逆に、農村で暮らす人々が都市を訪れることで、
自然環境を理解する機会を提供できる一方、彼らは多様な人々との交流に
よる文化創造を体験できる（**図8-1**）。

　都市や農村それぞれの地域の生物文化多様性について考えることも、も
ちろん重要である。しかし、第5章で述べていたように、都市と農村はそ
の地域のなかだけで閉鎖的に生態系サービスが完結しているわけではなく、
サービスや機能を補完し合う相互作用をもっている。都市と農村の相互作
用が弱体化している現在、観光を通して人々が都市と農村を往来し、それ
ぞれの場所で得た知識や経験を地域に持ち帰ることで、単純な都市と農村
の役割分担ではなく、地域を超えた自然環境と文化の相互作用の理解にも
つながると考えられる。

生物文化多様性を活かした観光のあり方

　観光は地域の生物文化多様性を学んだり、支えたりするきっかけをつくり出すほか、新たな生物文化多様性を創出したり、都市と農村の生物文化多様性を補完したりする可能性をもっている。その反面、観光はオーバーユースによって資源に悪影響を及ぼすリスクもある。そのため、地域資源の保全と観光利用のバランスを図ることが大切であるが、最後に生物文化多様性を活かすことによって観光にどのようなメリットがあるのか考えてみたい。

　前述したように、1980年代にオルタナティブツーリズムが提唱されて以降、エコツーリズムやヘリテージツーリズム、カルチャーツーリズムなど、資源の特性に応じたさまざまな観光形態が登場し、地域資源の固有の魅力を観光客に訴求する役割を果たしてきた。しかし、2000年代に入って多くの地域が観光まちづくりにとりくむようになると、どの地域でも「オンリーワン」の価値や魅力をPRするようになった。その結果、地域の観光情報が溢れ、個別の資源の魅力だけでは観光客に訴求できなくなりつつある。

　そこで、今後は自然資源や人文資源といった個別の資源の魅力を伝えるのではなく、人々と自然環境の相互作用そのものを観光資源と捉えることが重要になってくるのではないか。冒頭のマンガでは、北海道標津町を事例に、冬でも凍ることなく湧き出る水からアイヌの集落形成の歴史、そして現在のサケ漁業に至る地域のストーリーが観光の魅力になっている様子を紹介した。このように、自然資源と人文資源の組み合わせや相互作用、コンテクストも含めた「リソースミックス」によって地域の観光の価値や魅力を高めること、つまり生物文化多様性そのものが観光の付加価値をつくり出す可能性をもっている。

　このリソースミックスによる観光振興の実践を試みはじめている地域のひとつが兵庫県淡路島である。淡路島では、2016年4月に「『古事記』の冒頭を飾る「国生みの島・淡路」～古代国家を支えた海人の営み～」が日本遺産に認定された（**写真8-5**）。そのストーリーは、天地創造の物語で

写真8-5
日本遺産の構成文化財のひとつである伊弉諾神宮（兵庫県淡路島）

ある国生み神話、塩と航海術といった海人の歴史、「御食国（みけつくに）」として恵まれた豊かな食材などをもとにつくられている[iii]。そして、このストーリーと連動するように、2018年2月に『淡路島総合観光戦略』が策定された。そのなかでは「①歴史と文化薫る国生みの島」「②和食のふるさと御食国」「③豊かな自然・温泉に恵まれた心とカラダの癒しの島」がビジョンに掲げられている。さらに、これらの推進体制を強化するため、2019年3月に一般社団法人淡路島観光協会が日本版DMO候補法人に登録された。

　淡路島はこれまで、関西圏の主要な観光地のひとつとして多くの観光客が訪れていた。しかし、タマネギや肉牛、ハモ、シラスなどの食材、国生み神話や人形浄瑠璃などの歴史、海水浴やキャンプ、テーマパークといったレジャーなど、島内の地域資源の情報が個別に発信されていたため、必ずしも淡路島のブランド形成につながらなかった。日本遺産やそれを戦略に活かした『淡路島総合観光戦略』は、恵まれた農業や漁業、畿内に近いという地勢からさまざまな歴史・文化が築かれるストーリー全体を観光資

---

iii) 『古事記』の冒頭を飾る「国生みの島・淡路」～古代国家を支えた海人の営み～」の詳細については、日本遺産ポータルサイト（https://japan-heritage.bunka.go.jp/ja/stories/story030/[閲覧日2020年1月16日]）を参照。

源化しており、人々と自然環境のさまざまな相互作用そのものが観光振興の戦略に活かされている。

　第7章で紹介されていた石川県の白山手取川のジオツアーも、同様の考え方といえる。手取川の「水」をベースに、天然記念物の巨岩や化石壁、河岸段丘などの自然環境、農業や養蚕、酒造などの地場産業、これらにかかわる歴史を組み合わせたリソースミックスによって魅力を高め、生物文化多様性の価値を観光に活かしていた。このように、地域にあるさまざまな資源を組み合わせることによって価値や魅力を生み出す観光が、生物文化多様性の理解にもつながっていく。

　観光はこれまで、地域経済の活性化や産業振興、地域の誇りや愛着の醸成、異文化理解の促進など、さまざまな効果をもたらすことが指摘されてきた。しかし、本章で述べてきたように、観光は生物文化多様性にも貢献できるほか、地域の生物文化多様性そのものが観光の付加価値を創造する。今後は生物文化多様性への貢献も、観光がもたらす効果のひとつとして強調されるべきであろう。

参考文献

1）森重昌之（2014）『観光による地域社会の再生－オープン・プラットフォームの形成に向けて』現代図書, 205 p.
2）岡本伸之（2001）「観光と観光学」岡本伸之編『観光学入門－ポスト・マス・ツーリズムの観光学』有斐閣, pp.14-20.
3）十代田朗ほか（2018）「〈対談〉目的・手段としての観光から、地域の触媒としての観光へ」日本建築学会『建築雑誌』2018年7月号, pp.3-6.
4）森重昌之・海津ゆりえ・内田純一・敷田麻実（2018）「観光まちづくりの推進に向けた観光ガバナンス研究の動向と可能性」『観光研究』30（1）, pp.29-36.
5）香川眞ほか（2007）「観光資源と観光開発」香川眞・日本国際観光学会監修『観光学大辞典』木楽舎, pp.101-124.
6）田中輝美（2017）『関係人口をつくる－定住でも交流でもないローカルイノベーション』木楽舎, 255 p.
7）三膳時子（2010）「花の湿原を守る肝っ玉かあさん」セブン-イレブン記念財団『みどりの風』2010年秋号（vol.23）, pp.22-23.
8）敷田麻実（2009）「土地買い取りで湿原保全を進める霧多布湿原トラスト」敷田麻実・内田純一・森重昌之編著『観光の地域ブランディング－交流によるまちづくりのしくみ』学芸出版社, pp.105-115.
9）敷田（2009）前掲論文
10）三膳（2010）前掲論文

第9章

生物文化多様性を活かす政策

第4章から第8章までの事例の多くは、地域固有の生態系を利用する際に地域内外のアイデアや技術を組み合わせることによって、生物多様性と文化多様性を同時に実現しようとするとりくみであった。重要な地域資源である生態系を文化と結びつけて保全し、同時に活用しながら社会的・経済的利益も得ることで、地域を持続可能にしていこうという生物文化多様性の考え方は、過疎や高齢化に悩む多くの自治体や住民にとって魅力的である。それでは、生物文化多様性はどのように政策に活かせばよいのだろうか。本章では、生物文化多様性を活かした政策を推進していくためのプロセスと促進要因について考える。

真夏の塩づくり（石川県珠洲市）
〔撮影：中井春夫、写真提供：「能登の里山里海」世界農業遺産活用実行委員会〕

生物文化多様性ゼミ室

先生、いろいろ
楽しかったけど
ひとつ気になる
ことがあるんです。

何ですか?

生物多様性さえ守られてないのに
文化もいっしょになんて難しいんじゃ
ないんですか?

熱帯雨林の保全も
できてないんですよ!

たしかに
簡単ではないな。

生態系と文化を別々に
考えるからできないんじゃ
ないかな?

174

生物多様性と文化多様性の関係をもっと意識する必要があるんだ。

たとえば自然体験ツアー 歴史や景観、食文化 クラフトや音楽・アート といった文化と生物多様性を組み合わせてもいいよね。

でもどうやってそれを進めるんですか?

石川県の里山里海保全政策がお手本になるかな。

生物文化多様性を政策に活かすには

　冒頭のマンガでは、生物多様性さえ守られていないのに、文化まで考えるのは大変だとジョンとアキが心配していた。しかし、人が生態系を利用して生きていることを考えると「生態系だけを守る（保全する）のは無理」というのも現実である。生物多様性と文化多様性に関連がある以上、ユアサ先生が話していたように、生物多様性と文化多様性を同時に考えることが、これからの環境保全政策のカギになる。では、環境保全政策に生態系の保全だけではなく、地域社会や文化も組み込んでいくためには何が必要なのだろうか。

　ここでもう一度、現在の地域における生態系と文化の関係を地方自治体の環境保全政策と合わせて整理してみたい。**図9-1**は第3章の図3-4を改変したものである。生態系と文化の関係は、人が供給サービスを得るために生態系とかかわることによって文化が生まれるという段階（第1段階）からはじまる。次に、供給サービスを効率的に得ようとする生産性優先の生態系利用が進む段階（第2段階）に移るが、それが生態系の過剰利用、すなわち「オーバーユースによる生物多様性の第1の危機」を招いた。この第1の危機は、日本の高度経済成長期に森林や海岸、河川、湖沼などの生態系を大規模な耕作地、工業・商業用地、宅地に開発することによって進行した。

　この時期に自治体がとった開発に対する保全政策は「自然保護政策」であった。それは未開発な生態系を極力保護し、自然度が高い「自然環境保全地域」として「サンクチュアリ化する」ことを通して進められた。同時に、むやみに人の介入や撹乱を招かないように、できるだけ人を近づけない政策でもあった。

　しかし、国内には人の手がかかわっていない原生的な自然地域は少なく、生態系の多くは人の手が入った里山や里海である。特に、1960年代初めに進められた第一次市町村合併や高度経済成長期の都市部への人口移動の促進は、地域から人を閉め出す政策ではなかったが、結果として里山里海から人がいなくなることを促した。それが地域の高齢化や若年層の流出に

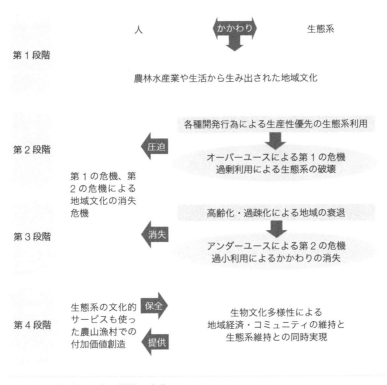

図9-1　生態系と文化の関係の変化

よる過疎化進行につながった。つまり第1の危機とは逆に、生態系に人の手が入らなくなることによる耕作放棄地の拡大や里山里海生態系の崩壊など、「アンダーユースによる生物多様性の第2の危機」が起こった。同時に、それは第4章で触れたような管理手法やそのための在来知（ざいらいち）の消失につながった（第3段階）。こうした第2の危機は、地域の食料生産能力の低下や水源涵養（かんよう）機能の喪失、洪水リスクの増大、野生生物と人との軋轢（あつれき）なども招いた。

　この危機に対して自治体がとった政策は、持続可能な範囲での生態系への介入であった。それは地域の生態系に積極的にかかわり、従来行われていた管理の復活や伝統知に基づく管理の奨励である。生態系を少しでも復元し、「賢明な利用」を考えることで地域にメリットをもたらし、そのメリットが生物多様性を維持する意欲につながるという関係を築いていくこ

179

とをめざした。ただし、地域の生態系は、経済的には生産の場としての役割が弱体化しているので、管理保全コストだけがかかる。また、生態系を賢く利用するといっても、里山は一般的に耕作不利地が多く、そこで収穫された農産物を単純に市場に出しても、大規模栽培された農産物や輸入農産物には価格面で太刀打ちできない。そこで、地方自治体が管理保全コストの不足分を補填したり、奨励のための資金を補助したりする政策がとられた。もうひとつの政策は、直接的な補填ではなく、たとえば地域固有の食文化、歴史や景観、クラフトや音楽・アートなど、文化と融合させることで、都市部の消費者の共感を得て、付加価値を創造[i]する政策がめざされた（第4段階）。

　この付加価値の活かし方として、大きく2つの方向性が考えられる。ひとつは地域文化を強調した「こだわりのエコ産品」を生産し、コモディティ化[ii]を防ぐことである。もうひとつは地域固有の文化によって付加価値が付いた生態系に魅力を感じるファン、「環境客[iii]」を（**写真9-1**）、地域外から観光客として集めることである。第8章で紹介したように、現代の観光では、物見遊山だけではなく、エコツーリズムのように特定の関心に沿って地域を訪問することが増えている。

　自治体は、地域におけるこうした付加価値創出活動を支援・促進するコーディネータとして、またその推進のための基盤やインフラを整備し、持続可能な地域政策として定着させる責任を負う。そのためにも、資源としての生態系の切り売りではなく、生物文化多様性の考え方に基づいた積極的な政策が望まれている。そして、政策を点から線へ、線から面へと広げていくためには、地域の関係者、すなわち多様な主体の参画を進める必要がある。また、その参画をとりまとめる主体や参画する場、プラットフォームも重要であり、それができて初めて、生物文化多様性を意識した環境保全政策に転換できる。

i) 消費者がある商品やサービスを購入したときに得られる価格以上の満足度のことを、経済学的には「消費者余剰」という。ここでいう付加価値の創造とは、文化の力によってより多くの消費者余剰を生み出すことと言い換えることができる。

ii) コモディティ化とは、商品やサービスのコピーや類似化が進行し、差が見出せなくなった状態である。そこではできるだけ安く売る価格競争しかなくなる。

iii) 環境客とは、地域の生物文化多様性に魅力を感じて地域を訪れる人々をさす著者の造語。

　そのためには、場を維持し、マネジメントする主体の役割が重要になる。環境保全の分野では、NPOなどの民間による関与も増加したが、地域における政策の実施には市町村のような身近な基礎自治体や、都道府県のような広域の地方自治体の関与は避けられない。政策の継続という点においても、やはり地方自治体は組織としての持続可能性が高く、優れている。

9-2　生物文化多様性の保全政策の実施

　前節で述べたように、生物文化多様性に着目することで、生態系の切り売りではなく、生態系に文化的な意味をもたせ、付加価値を創造する新たな環境保全政策が視野に入る。こうした政策は、開発から生態系を保護する「守りの政策」ではなく、文化の力を借りて生態系と人の関係を再構築する政策だと考えることができる。前節で述べた政策理念の変化とともに、自治体には政策の転換が求められている[iv]。そこで本節では、生物文化多様性保全政策の実現のための政策決定プロセス、推進体制（組織）、政策

iv）従来型の環境政策が不要になったわけではなく、原生自然や希少種の保全、野生鳥獣の保護
　　管理、外来種対策などの確立した生態系保全政策があってこそ、生物文化多様性保全政策が
　　成立する。

実施プロセスについてまとめる。

1. 政策決定プロセス

　政策決定プロセスを研究したキングダンは、ある政策が決定され進行していくためには「問題の流れ」「政策案の流れ」「政治の流れ」という3つの流れがある時期に合流し、「政策の窓」が開く必要があると主張している[1]。

　生物文化多様性に関していえば、最初の「問題の流れ」は、2010年に名古屋市で開催された第10回 生物多様性条約締約国会合（CBD-COP10）において、人の活動の影響を受けて形成・維持されている二次的自然環境の保全のとりくみを進めていくこと、つまり生物文化多様性を保全していくことを目的として「SATOYAMAイニシアチブ」が提唱されたことである。また、2015年に国連で採択されたSDGs（持続可能な開発のための目標）の目標15には、生物多様性の保護・回復および持続可能な利用の推進が示されている。

　次に「政策案の流れ」としては、過疎化・高齢化に直面した多くの自治体が、地域資源を保全しながら活用し、地方創生を実現できるような政策を模索している状況がある。さらに、誇りや生きがいがもてる生業や雇用を創出し、地域コミュニティ消滅の危機を克服したいという住民の思いがあれば、政治的な流れをつくり出しやすい。

　最後に「政治の流れ」だが、どのような政策も政策として承認されなければ、実施できない。条例や予算を決定する権限は最終的に地方自治体の議会が有しており、政策案は議会の承認を経て政策として実行される。その際には、政策案の緊急性や社会的重要性が考慮される。

　このような状況下で生物文化多様性の保全政策を推進していくためには、自治体がイニシアチブをとって、前述の3つの流れを合流させて「政策の窓」を開いていくことが必要な条件になる。方法はいくつか考えられるが、たとえば生物文化多様性の保全政策を進める条例や行政計画を作成する、関係者が参加する大きなイベントを開催するといったことが考えられる。

　これまでの生物多様性保全政策は、自治体の「自然保護課」のような環境部局が担当し、他の部門との連携はあまりなかった。たとえば、中山間地域を担当する農業部門と環境部門が獣害対策などで連携していることはあるが、文化や教育を担当する部局との連携は、ほとんどの自治体で行われてこなかった。また、自治体の横断的な組織体制は「縦割り行政」と批判されているように、機能させることは極めて困難だった。

　しかし、生物文化多様性の保全では、政策を実施する際に、環境管理や生物多様性保全にかかわる部門だけではなく、文化に関する内容を扱う部局との連携も必要になってきている。そこで、環境部局の職員を中心に関係各部局から職員を集めたプロジェクト型の組織をつくるといった工夫が必要となるだろう。

　従来の自然保護政策は規制的手法が中心であり、実施主体は自治体であった。しかし、生物文化多様性保全政策では、自発的とりくみの誘導、とりくみの認証・顕彰、情報提供などを政策にとり入れる必要がある。その理由は、プレイヤーは地域の住民や事業者が中心であり、そこに自治体や地域外のさまざまな主体が連携・協働することになるからだ。今までのように、単に条例や制度を用意して提示すればよいというアプローチではなく、政策の発案、連携、実施までのプロセスの設計とマネジメントへと、自治体の役割が変わることになる。そのプロセスをモデル化して**図9-2**に示した。

　まず、政策実施の初期には、その政策の「意味や必要性」を地域の関係者と共有する必要がある。そのため、地域内外に政策のもつ意味や必要性を発信・周知していくことが自治体の重要な役割となる。しかし、共有しただけでは具体的な政策に発展しないので、次のステップとして「ルールや制度」が必要になる。それは個別政策[ⅴ]にしていくための条例や推進計

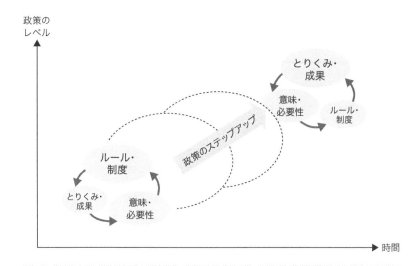

図9-2 生物文化多様性を保全するための政策の連関・発展モデル

画等を含む具体的な制度づくりである。さらに、それが地域で具体的な活動としてとりくまれ、実際の成果につながっていく必要がある。つまり、次のステップでは「とりくみと成果」が中心となる。また、自治体の役割は成果を見据えてとりくみをモニタリングし、マネジメントしていくことになる。

　さらに、とりくみと成果から、とりくんでいることに新たな意味・必要性が見出されると、ステップアップした新たなルール・制度につながり、次のとりくみ・成果へと発展する。このサイクルはらせん状に進行し、政策は連続して新たなステージに移っていけるようになる。

ⅴ）個別政策の例として、次のようなものを挙げることができる。
・地域の文化の生成と掘り起こしにつながる人と自然生態系とのかかわり合いの機会の提供
・生業づくり、生態系保全活動、まちづくり活動などの自主的とりくみを誘導するための有効な補助金制度や助成制度の創設
・上記のとりくみをサポートするためのノウハウ提供、認定・顕彰制度の創設
・地域のとりくみの付加価値創造のための国際的、全国的な認証へのとりくみ
・地域の生物多様性に関するエビデンス（科学的根拠）を得るための調査研究の実施・支援

石川県の里山里海保全政策から学ぶ

前節では、生物文化多様性保全政策に必要な条件と政策推進プロセスについて述べたが、本節では成果を上げている自治体の事例として石川県の里山里海保全政策 vi, vii) を紹介し、そこから生物文化多様性の視点を政策へ活かす方法を学びたい。

1. 里山里海保全政策の決定プロセスと推進体制

人口約114万人の石川県は、本州中央の日本海側に位置し、能登半島から金沢市がある加賀地域まで南北に長い県である。県境には、第7章で紹介した高山帯がある白山があり、県内の約60％が里山エリアと位置づけられている。そのため、石川県は多様な自然環境に恵まれており、生物多様性が豊かな地域である。しかし、特に能登半島では、過疎と高齢化による耕作放棄地や手入れ不足となっている人工林の増加、獣害問題、自然災害リスクの増加という課題を抱えている。

こうした課題に対して、石川県は2008年頃から「里山里海保全政策」に本格的にとりくむようになり、能登地域が世界農業遺産に認定されるなど、その成果も出始めている。そこで、石川県の里山里海政策を事例として、生物文化多様性の視点から政策を実施するためのヒントを学びたい。

他の多くの自治体と同様、石川県の生物多様性保全政策も、かつては生態系に人の手が入らないようにする自然保護が中心であった。しかし、少子高齢化による過疎化の進行に伴い、適度に人の手が入ることによって保全される生態系、すなわち「里山里海としての保全」が意識されるようになった（**写真9-2**）。

それは、2004年3月公布の「ふるさといしかわの環境を守り育てる条例」に、生物多様性保全および里山保全の考え方に盛り込まれた。その後、

---

vi) 日本における里山里海保全政策は、生物文化多様性保全政策として捉えることができる（第2章参照）。
vii) 『石川県環境白書』(2009年度版〜2018年版)を参考にした。

写真9-2
能登半島の里海景観(石川県珠洲市)〔撮影：敷田麻実〕

2008年7月公布の「いしかわ景観総合条例」には、文化的な景観としての里山景観の保全再生とそのための施策が明記された。さらに、2015年3月公布の「いしかわ文化振興条例」には、地域の文化としての里山里海文化の継承、発展、活用の理念が盛り込まれ、里山里海がもつ生態系としての側面と、その利用も含む文化的な価値が条例で位置づけられた。

　また、2011年3月には里山里海の利用保全を中心にした行政計画として「石川県生物多様性戦略ビジョン[2]（以下、ビジョン）」を策定し、里山里海保全施策の方向性についてまとめている。このビジョンの策定は、環境部自然保護課が担当部署であったが、ビジョンに基づいて里山里海の利用に関する施策を担当するため、同年4月に環境部内に「里山創成室」が設置された。地域の多様な課題に応える必要がある里山里海保全では、環境担当の部局だけではなく、地域振興、農林水産、土木の各部局との連携が重要である。里山創成室は環境部職員だけではなく、農林水産部の職員や地域振興を担当する企画振興部の職員も参加する横断的な組織となった。この里山創成室を核として、石川県庁の関連部局が連携した里山里海施策が企画・実施されてきた。

　このように、石川県が里山里海保全に積極的にとりくむようになった背景には、石川県金沢市に立地する国連大学サスティナビリティ高等研究所

いしかわ・かなざわオペレーティングユニット（以下、OUIK）の存在がある。OUIKの設立以降、石川県はOUIKとの連携により、生物多様性条約第9回 締約国会議（CBD-COP9）のサイドイベントへの参加や生物多様性をテーマとした国際会議を複数回開催している。そのなかで、OUIKは石川県の里山里海保全政策に国際的な「意味」と「正当性」を付与する役割を果たしてきた。

　また、2011年には新潟県の佐渡とともに「能登の里山里海」が日本で初めて世界農業遺産に認定された。能登の里山里海が評価されたのは、①独自の土地利用、②伝統的な農林漁法、③農林漁業と深く結びついた祭礼、④優れた里山景観、⑤豊かな生物多様性、⑥伝統的な技術が特定の地域に集約して維持されている点が、世界的に類がないからである。それまでの世界農業遺産の認定は古来の農業や農法の保全という観点が中心であったが、能登の認定では、人々の日常の生活や文化、さらには生物多様性の観点が加わった。世界農業遺産への認定は、生物文化多様性の重要性が認められたことでもある。

2. 里山里海保全の具体的施策

　先に触れたように、石川県では里山里海の利用と保全を中心にビジョンを策定し、次の3つの視点から多様な里山里海保全施策にとりくんでいる。

第1の視点：「里山保全」の視点で、里山における多様な生物相や景観の形成を図ること
第2の視点：「生業づくり」の視点で、里山の地域資源を掘り起こし、磨きをかけ活用していくこと
第3の視点：里山里海の生活の基盤である集落（コミュニティ）について、地域住民が主体となって行う「地域づくり」を支援していくこと

　このように、ビジョンは第1の視点こそ生態系保全が中心だが、人がかかわる景観の保全や生業、コミュニティの維持といったように、生態系と文化を結びつけながら維持する方針が明確である。次に、里山里海保全施

187

策の詳細な説明に移りたい。

1. いしかわ里山振興（創成）ファンド

　里山里海保全施策を展開していくための資金的基盤として、基金の創設がビジョンに盛り込まれた。具体的には、53億円の基金を石川県と地元7金融機関との共同出資で「いしかわ里山創成ファンド」として2011年に創設し、運用益に加え、企業からの寄附金も含めた年間4千数百万円程度の予算で保全施策を行ってきた。2016年には、生業づくりへの支援強化のために、「いしかわ里山振興ファンド」に改称し、基金も120億円に増額し、年間約1億円程度の財源（原資）となっている。

　ファンドの原資により支援する事業は、次の5項目である。
　①里山里海の資源を活用した生業の創出
　②里山里海地域の振興
　③スローツーリズムの推進
　④多様な主体の参画による里山保全活動の推進
　⑤里山里海の恵みの大切さについての普及啓発

　このうち、①②③は「生業づくり」と「地域づくり」活動に対する支援策であり、支援先は公募で決定している。公募で採択された案件は、2011年度から2018年度までで計167件である。2018年度は応募数75件に対して採択数は29件（2.6倍）であり、支援へのニーズは高い。

　支援の主な内容は、活動のスタートアップのための補助金の交付（生業の創出の場合、限度額200万円）であるが、単なる「バラマキ補助金」ではなく、採択にあたっては、事業の持続可能性や里山里海保全への貢献度などの書類審査および応募者によるアピール審査を経て決定し、採択後は多様な主体からのコンサルテーションを受けることができる。また、事業化、商品化にめどがついた案件には、ブランド化や販路開拓の支援、情報発信、さらには事業拡大に向けた他の支援メニューへ橋渡しをするなど、フォローアップ体制を備えた伴走型支援が特徴である。そして、事業化だけではなく、人と生態系のかかわりから生み出される文化によって付加価値を生み出し、経済的メリットも生み出しながら生物多様性を保全するので、結果的に生物文化多様性の保全につながっている。

写真9-3
Ｎプロジェクトで醸造された日本酒Chikuha N
〔撮影：敷田麻実〕

　それでは、具体的な事業事例を紹介しよう。文化を利用した付加価値創造を通じて「こだわりのエコ産品」をつくり出した事例として、「生業づくり」で2016年に採択された「株式会社ゆめうらら」の「Ｎプロジェクト[viii]」がある。

　能登半島の付け根の志賀町にある同社は、金沢市内で会社勤めをしていた代表の裏貴大が地元にUターンして2013年に創設した農業法人である。「Ｎプロジェクト」では地元の大学生グループが中心となり、耕作放棄地を開墾して酒米をつくり、それを能登町に所在する「数馬酒造」で「Chikuha N」という日本酒に醸造する（**写真9-3**）。

　同プロジェクトは「若者が能登も農業も日本酒も盛り上げる」がコンセプトである。耕作放棄地は農薬の残存がなく、再生した水田は生物多様性

---

viii）Ｎプロジェクトの N は、能登、農業、日本酒の頭文字である。

写真9-4　水田環境特Ａ表示看板（裏貴大と数馬喜一郎）

の確保に適している。裏が開墾した東京ドーム５個分の面積に相当する耕作放棄地は、米・食味鑑定士協会が認定する水田環境特Ａ[ix]に認定されている（**写真9-4**）。醸造した日本酒が売れれば売れるほど耕作放棄地が減り、生物多様性が維持できるというWin-Winの関係がここには成立している。また、数馬酒造ではＮプロジェクトをSDGsのとりくみとして位置づけている。

　また裏は、支援事業への採択は資金調達の支援を受けられたというだけではなく、Ｎプロジェクトが社会的意義を有していることが認められたことであり、自信につながったと述べている。この点で、ファンドによる支援事業はプロジェクトの社会的評価と「保全する意味の説明」、つまり社会的正当化の機能を果たしている。

2．「里山保全」の施策－いしかわ版里山づくりISO制度
　里山里海地域の生態系を保全していくための活動の多くは、地域の住民

ix）水田環境鑑定士が、植物を育てるうえで最も大切であると考えられる「水」を鑑定（水質調査）し、「昆虫」「魚類」「鳥類」などを観察記録することにより、水田の安全性と、豊かさを証明するしくみ。認定段階は、特Ａ、Ａがあり、観察の結果確認できた生物種ごとに農薬に対する耐性の度合いに応じて３～１点（稲の害虫は０点）の評価指数を与え、その合計が90点以上（30種以上）を特Ａ基準、60点以上（20種以上）をＡ基準とする。米・食味鑑定士協会Webサイト（http://www.anzen-kome.com/［閲覧日2020年１月20日］）参照。

が担い手となっている。しかし、少子高齢化によって里山里海地域の人口が減少している現在、地域住民だけで里山や里海を維持していくことには限界がある。そこで、石川県では里山里海から多様な恵みを享受している地域外の関係者に保全活動への参加を促すため、2010年度に「いしかわ版里山づくりISO」制度を創設した。

　この制度は、企業やNPO、学校などの団体が行う里山里海づくり活動を石川県が認証し、地域との橋渡し、団体間の連携や情報共有、活動ノウハウの提供などの支援を行う。認証を受けようとする団体には、石川県が作成した「いしかわ版里山づくりISO指針」に準拠した活動をすることが求められる。2018年12月現在、約300の企業、NPO、学校などがそのとりくみの認証を受けている。

3．在来知の掘り起こし－高校生による聞き書き「能登の里山里海人」

　石川県や関係市町、関係団体で構成する「世界農業遺産活用実行委員会」では、長年にわたり地域を支え、暮らしに根差した生業や祭礼、伝統技術の維持・継承、地域の景観や生物多様性の保全などに携わってきた関係者を「能登の里山里海人」として認定している。そして、その技や知恵、地域に対する思いを取材・記録することを目的に、2012年〜2018年の間、高校生がインタビュー調査を行い、その結果を冊子にまとめる「能登の里山里海人の知恵の伝承事業」を行ってきた。事業実施の7年間で合計73人の能登の里山里海人に、高校生158人がインタビュー調査を行った[x]。

　第2章や第4章で指摘したように、里山里海では地域文化である在来知をもとに生態系の管理が行われてきた。生物多様性の低下だけではなく、管理にかかわる文化も失われれば、生態系自体の維持が難しくなる。そのためにも、こうした在来知をもつ人々の「知恵の記録」は重要である。こ

---

x）インタビューの結果をまとめた冊子は「能登の里山里海情報ポータルサイト」で閲覧することができる。http://www.pref.ishikawa.jp/satoyama/noto-giahs/kikigaki_top.html［閲覧日2020年1月16日］

　こうした政策は自治体の大小、国の内外を超えて試みられている。筆者が訪問した例では、ドイツのフライブルク市やブライトナウ村が、既存の地域文化を活かしながら革新的な環境政策も進めていた。そして環境政策の推進だけではなく、能登の事例のように、地域文化と関係づけながら、持続可能な地域社会づくりに環境政策を位置づけていた。

の事業は在来知の新たな評価につながる有用な事業だと考えられる。

9-4 生物文化多様性を意識した政策をめざして

　第4章から第8章までの事例で見られた試みの多くは、生態系の保全だけではなく、地域資源として生態系の付加価値を高める利用を進めていた。その際に、文化は資源の魅力を高めるだけではなく、生態系がもつ社会や個人にとっての意味を説明する役割を負っていた。この意味の説明によって、生態系は価値を高めることができる。人と生態系のかかわりから生み出された文化によって、人と生態系のかかわりが豊かになるという循環が生まれている。さらに、多様な生態系があることで多様な文化が生み出され、文化多様性が高まれば文化の選択の豊潤度も高まり、コミュニティや社会に帰属する豊かさが感じられるようになる。文化もまた付加価値を高める対象としての生態系の多様性を重視していたといえるだろう。

　本章では、現代社会でも生物多様性と文化多様性の相互作用が重要であり、価値を生み出すことを説明しながら、環境保全政策の推進における生態系と文化の関係を整理した。また、地域資源でもある生態系を文化と連携させて保全し、同時に賢明な利用を進めて社会的・経済的利益も得られるベストミックスな選択を実現するための政策的なヒントをまとめてきた。生物文化多様性の考え方は、過疎や高齢化に悩む多くの自治体や住民にとって確実に政策に活かすことができ、これまでの環境行政と文化行政の橋渡しを可能にすることができるだろう。生物文化多様性を活かした政策を推進していくことで、環境政策は文化も含めた総合的な地域政策に転換できるに違いない。

参考文献

1) Kingdon, J.W. (1995) *Agendas, Alternatives, and Public Policies. 2nd ed.*, N. K.: Harper Collins College Publishers, 280 p.
2) 石川県環境部里山創成室 (2011)『石川県生物多様性戦略ビジョン－トキが羽ばたくいしかわを目指して』石川県, 101 p.

第 10 章

新しい自然観の提案
ー生物文化多様性の可能性

ここまで生物文化多様性をテーマに、異なる立場や分野からの考察を進めてきた。ここでは生物文化多様性の視点から見た社会の変革や今後の発展可能性をまとめて説明したい。第2章と第3章の概論と、第4章以降の各論を結びつけ、各章に書かれたことの意味を整理したうえで、もう一度、生物文化多様性について理解を深めるのが本章である。そして、今まで生物や生態系に詳しいことが自然環境を理解することだと信じてきた私たちに、文化を通して生態系について考えることや、生態系から文化を考えることが重要だという新たな提案をしたい。生物文化多様性という考え方は、自然と人の相互作用の再認識であり、それは人新世に生きる私たちの自然観を変えていくことだろう。

桜並木の通学

季節はめぐり

やぁ
アキ！

もう1年
経つのね〜

フィールドワークで
全国まわったけど
楽しかった？

いや〜
予想以上
だったよ。

こんなに生態系と文化が
かかわり合っていたなんて！

何が
いちばん
だった？

ん〜

いちばん…

草地の放牧も、アートフェスティバルも、
日本酒も、北海道のアイヌの生活も・・・

アレヤ コレヤ

あら〜
えらべない
のね

何が
わかったの?

結局、生態系の多様性と文化の
多様性が相互にかかわって
変化していくことかな〜

どちらも大切で
生態系さえ
多様であればと
いう考え方は
視野が狭いね。

いいところに
気がついたね!
アキさんがフィールドに
連れ出したおかげだね。

フフーン

じゃあ、これまでの
フィールドワークを
まとめてみよう!

生態系と文化の相互作用をふりかえる

1. 生物多様性と環境危機

　地球上には、地域ごとにその環境に応じた多様な生物が生息している。その基本は「種」であり、その数が生物多様性を示す基本単位である。現在約175万種の生物種が見つかっているが、未発見の生物は1億種以上といわれている。第2章で述べたように、こうした種は生物進化の過程で地球上の各地に適応放散し、そこで固有の進化を遂げてきた。しかし、その分布は一様ではなく、生物多様性ホットスポットである地球の地表面積のわずか2.3％に生物種が集中している。日本列島もホットスポットのひとつである。

　生物多様性は生態系の維持にとって重要である。環境が変化するなかでは、異なる特性をもつ多様な生物が存在すれば、どれかが生き残る可能性が高いからである。均一な生物の集団では、たとえばその集団が寒さに弱ければ寒冷化すると一気に全滅する可能性がある。しかし、多様性が高ければ、全部が絶滅せずにすむ。このようにシステムのレジリエンス（復元可能性）にとって生物多様性は重要だが、現在危機に瀕している。開発や乱獲による環境破壊である第1の危機、人の活動の縮小による生態系の劣化である第2の危機、外来種による生態系の変容である第3の危機、そして気候変動など地球レベルの環境問題である第4の危機がそれを促進してきた。

　特に第4の危機は、産業革命以降の大規模な産業活動によってもたらされた環境変化である。第3章で触れた「人新世」は、人類による大量消費や大量廃棄の規模が地球環境の許容量を超えたことの証しである。それは「持続が不可能な社会」の到来への懸念となり、近年、多くの人や企業が賛同しているSDGsはその危機感の表れである。

　ここで、私たちの生態系利用の歴史をふりかえってみたい。私たち人類は、猛暑の熱帯域から極寒冷な北極圏にまで広く分布し、多様な環境に適応している。気候に順応して人は進化したわけではなく、居住したローカルな環境に合わせた衣食住や暮らしをつくり出すことで対応してきた。人はこうした工夫によって環境による制約から自由になり、気候帯を越えて分布を広げることが可能になった。

　第3章で指摘したように、生存のための工夫は生活様式や認識のちがいを生み、環境に適応するなかで、私たちが「文化」と呼ぶ、ある社会グループに共有された、芸術や文学、生活様式、伝統などの特徴をつくり出してきた（**写真10-1**）。

　文化にちがいがあることが人の集団の特徴である。その典型が言語であり、狩猟採集社会では地域の生物相や対象生物に応じて言語が分化した。生物多様性が高い地域は、言語多様性が高い地域と地図上で一致する。文化多様性は、少なくとも生物多様性と関連して生み出されてきた。このように、生態系の差異が文化の差異を生み出し、さまざまなちがいが地球上

写真10-1。
植物から生み出される文化：長野県と群馬県境の碓氷峠の熊野
神社のご神木

に生み出され続けてきたのが人類の歴史といってもよいだろう。

　さらに、人類は身近な生態系を積極的に利用してきた。第4章で紹介した開田高原（かいだこうげん）の事例では、火入れによって草地を維持し、木曽馬を育ててきた。人による適度な撹乱は草地の生物多様性の維持に貢献した。同時に、人が生態系を利用するために培われてきた知恵、「在来知（ざいらいち）」を得ることもできた。開田高原における牛馬の飼育のための草地の維持のように、特定の生態系をくり返し使うことで、利用のコツを学習することができる。在来知によって人は生態系と調和しながら、必要な生態系からの恵み、すなわち生態系サービスを手に入れることができた。

　一方で、人の生態系利用は生物多様性を低下させることにつながった。増加する人口を支える食糧増産のために、有用な植物をまとめて栽培し、家畜化した動物を多数飼育した。食糧供給のための生産性を重視したのだ。大規模な環境変動を考慮に入れると、限られた種で構成された栽培植物や家畜に依存するリスクはあるが、生存のためには必要だった。それは、生態系サービスを効率よく得る農地や牧地のような、人がつくり出した「新しい生態系」を生み出した。こうした生態系の改変は、育種技術の発達、農業革命を経て、現在はゲノム編集や植物工場にまで及んでいる。さらに、技術開発の広がりではなく、廃棄物や大気汚染をはじめとする人の活動の影響が地球規模にまで拡大し、生態系を破壊的に利用するレベルにまで達している。

3. 都市と生物多様性

　現代の都市は世界人口の半数を集め、日々成長している。都市には人工物が溢れ、分業と集積によって効率のよい経済システムが築かれてきた。しかし、都市への過度な集積は廃棄物の増大や環境負荷を生み出し、都市問題を引き起こしている。第5章のテーマである都市計画は、人の活動と生態系の調和を図ろうとしているが、必ずしも都市の拡張をコントロールしきれていない。

　しかし、第5章と第6章で述べたように、人がつくり出した都市にも新しい生態系である「都市生態系」が生まれている。都市にも野鳥など野生

写真10-2
都市からは常に新しい文化が生み出される（オランダ・アムステルダム）

生物が生息し、常に人との関係をつくり出している。第6章で解説したスズメのように、人の活動が野生生物に影響を与え、野生生物も都市に順応して生息している。そこに相互関係を見出すことができる。都市の建設によって、人類は厳しい自然環境や災害などの「負の生態系サービス」から逃れ、安全と安心を手に入れることができた。とはいえ、都市に侵入してくる野生生物や気候変動と縁を切ることはできない。やはり、私たちは生態系とともに生きている。

　第6章で詳説したように、都市における人と生態系や生物のかかわりは、新たな文化を生み出している。第1章のマンガでアキが桜の花を愛でることを得意げに自慢したように、人工的な環境のなかにあっても人は文化をつくり出す。むしろ、人が集まる都市だからこそ、新しい文化が次々に生み出されている（**写真10-2**）。

　第3章で言及したように、都市は多数の人の交流によって創造的な活動を行っている。日本のGDPに現れるような経済活動は、ほとんどを都市に依存しており、ともすれば都市は付加価値の生産と経済、農村は生態系の豊かさと在来知を伴う生物多様性を維持するという役割分担になってしまう。それはある意味で、生態系と人との相互作用を無視した結果である。しかし、その創造の場は農村にもあり、近年議論されている「創造農

村」[1]を考えれば、農村も創造や付加価値創出の場となるだろう。このように、都市と農村は集積の規模や人口、接する生態系の規模に差はあるが、いずれも生態系と文化の要素、そしてその相互作用を無視しては存在できない。

10-2 生物と文化の相互作用を評価する

1. 生態系と人のかかわりと文化

第3章のマンガでは、アーティストが動植物からヒントを得て作品を創作したことにジョンは批判的だった。しかし、動植物がモチーフとして描かれている芸術作品は多く、生態系の恵みをアートで表現することもできる。ジョンが批判したデフォルメも、フランスのラスコー洞窟で描かれた抽象化された野生動物を見れば、文化の創作活動だと十分に理解できる。生態系は資源としての恵み、つまり供給サービスをとり出すためだけにあるのではない。アーティストのように、生態系から文化を生み出すことも、生態系の恵みの利用である。それは現在、文化サービスとして積極的にその価値が位置づけられている。

もちろん、第3章で述べたように、生態系と人のかかわりは、文化を生み出すためではない。むしろ、人が生態系を利用するなかで自然に関係が生み出された。その関係の総体を、本書では「かかわり」と呼んでいる。かかわりからは、説明や共有のために言語が生まれ、また集団での共感のために歌や踊りも生み出されていった[2]。

本書は、こうした生態系と人の相互作用に注目した。ここで重要なことは、この相互作用の結果として、生態系も人も変化し続けることである。生態系の健全度を示す生物多様性と人の文化の豊潤さを示すと考えられる文化多様性は、互いに影響を及ぼし合っている。その相互作用の結果を、本書では「生物文化多様性」と呼んだ。

この考え方が公的に文書になったのは、1988年のブラジル・ベレンで

開催された国際民族生物学会議で採択された「ベレン宣言」である。そこで生物文化多様性は「ある土地の生物多様性と文化多様性によって生物多様性が維持されてきた相互作用」と説明され、生物多様性が主たる存在であった生物学の研究の世界に文化が持ち込まれた。その後、2010年には「生物学的および文化的多様性に関する国際会議」が開催され、生物資源に関する先住民の知的財産権が話題となった。こうした伝統文化、先住民、さらには農村や途上国の生態系の保全や生物多様性の維持は重要である。しかし、都市が地球環境に大きな影響を与えている現在、都市も視野に入れた生物文化多様性を議論してもよい時期ではないか。その議論によって、今まで生物多様性に関心が低かった都市住民にも当事者になってもらうことができる。

2. 農村から考える相互作用

　これまで整理したように、都市に比べて「自然が豊か」とされる農村だが、そこには農耕作業や生活を通した生態系とのかかわり、文化も存在している。しかし、グローバリゼーションによって一様化した世界が広がると、逆に地域にある「ローカルな存在」や自他の差異を「再発見」する機会が生じる。

　第4章では、海外の美しい農村を見るときに感ずる新鮮さや感動をヒントに、私たちが生態系というモノだけではなく、そこにかかわる人の存在も含めて認識していることを指摘した。確かに人手が入らない原生自然の魅力は大きいが、それは近づきがたいという畏れや、誰も手を触れることができないという特異な状態に置かれた生態系であることが理由になっている。むしろ、私たちが親しみを感じるのは、荒ぶる原生自然ではなく、伝統的な農林水産業のような、生態系のなかでの営みや人の存在が見えるかかわりである。

　こうした営みは、農業生産のためにもっぱら維持されてきたが、それを支えてきたのが第2章や第4章で評価した在来知と呼ばれる、目に見えない資産である。地域の生態系と深く結びついて形成され、何代にもわたって承継されてきた知識は、ローカルな生態系の特性に基づいており、環境

変動に対するレジリエンスを高めている。地域の生態系とのかかわりで形成された在来知が豊かなことは、生物文化多様性として特筆すべきである。

　しかし、現代の農村は機械化や大規模化が進められ、生産性向上のために科学的知識、すなわち科学知に次第に依存するようになった。そのこと自体は産業の近代化であり、意義があるが、生活と関連した農業生産は科学的知識だけでは十分解決できない。第4章の大豆の事例のように、近代的育種技術でつくられた大豆も、蒔き時は在来知によって決められる。こうした在来知と近代的な科学知のコンビネーションがレジリエンスを向上させる。

　第4章ではさらに、火入れによって半自然草原を維持してきた縄文時代以降の草地管理の事例を紹介した。江戸時代以降は草が牛馬の餌に使われただけではなく、茅として屋根材にも用いられ生活を支えた。それ以上に、秋の七草は盆花として生活に彩りを添え、草地の景観は野辺に咲く花とともに浮世絵にも描かれた。こうして生態系や生物が、人のかかわりによって意味をもち、生産や生活のための資材としてだけではなく、絵画などの文化サービスも生み出すために「多重利用」されることは、生物文化多様性として評価することができる。つまり生物文化多様性は「生態系とそこからの生産と消費を通した人どうしの交流における創造」だと言い換えることができる。その営みによって生態系もまた変化する。

　ところが、近年は農村も変化を迫られている。発展した都市の影響を受けた農村は、生産性向上のために科学知に依存し、生態系とのかかわりを「管理」することで、経済的に対抗しようとした。しかし、内部での在来知の消失、自らの生物文化多様性を損なう懸念を抱えている。過疎が進み、耕作放棄地が増加した農村では、生態系を利用した農産物生産だけでは維持が難しい。

　その一方で、地域と結びついたローカルな生態系と文化の相互関係は農村の魅力であり、グリーンツーリズムやエコツーリズムでは観光客に対する魅力として紹介されている。それはモノからコト（体験）への転換であり、生産を通した生物文化多様性ではなく、「ポスト生産主義」の農村[i),3]

---

i）ポスト生産主義とは、農村が生産以外の役割で期待され、生産以外の需要が発生することをさす。

における消費を通した新たな生物文化多様性のあり方を示しているといってよいだろう。このように、ますます都市的なまなざしによって管理される農村だが、近年の農村の変容を解くためのキーワードは、生物文化多様性を意識した新たな価値創造の場としての創造農村の存在である。

3. 都市内の相互作用から交流へ

　さて場面を変えて、都市に注目したい。都市は人口の集中と分業体制によって発展してきた。農村と異なり、人以外の生物の絶対量が少ない都市では、生態系と人の相互関係、生物文化多様性を見出しにくい。第5章で指摘したように、都市は近代化の過程で、より計画された、整然とした人工環境につくり変えられてきた。それは、集中する人口の収容と産業集積のために必要であったが、多様な生物が生息するような生態系は都市とは相容れないとして、開発や撤去の対象となってきた。その結果、都市は整然とした空間に生まれ変わり、生物多様性の低下は問題とされてこなかった。その一方で、都市は人々が流入し、相互交流のなかで多様な文化を生み出してきた。特に、グローバリゼーションによって人の交流機会は増え、文化多様性は世界的にも高く評価されはじめている。

　生態系だけに注目すれば、第6章で言及したように、都市内にもカラスやスズメが独自の個体群や生態系を形成する。また、都市公園は必ずしも都市内の自然再生をめざして造成されてはいないが、結果的に生態系を形成し、そこで人とのかかわりが生じている。生息する生物や生態系の規模こそ農村に及ばないが、文化多様性と合わせて考えることで都市を評価できる。第5章の金沢市の用水の例では、水路の生態系と住民の間にかかわりが生じ、そこから都市景観や都市的なデザインが生み出されている。冒頭のマンガでアキがホタルに惹かれる場面は、都市にとって生態系が共存すべき相手だということの証しである。

　今後の都市計画では、都市をデザインするだけではなく、生態系と人の相互関係を再評価し、都市でも積極的に生態系と人のかかわりを生み出す必要がある。それは新たな都市政策であり、同時に文化政策だと理解できる。第5章で言及した「創造都市」とは、経済性や効率だけから生まれる

独りよがりな都市ではなく、都市と農村、都市内部の生態系の相互関係を前提とした、生物文化多様性で評価することができる新たな創造の場であろう。

　その例を挙げてみよう。第6章では、人がデザインした電柱の腕金の形状のちがいに応じて営巣するスズメをとり上げた。腕金への営巣を防ぐためにさまざまな形状の金具がとりつけられ、電柱は一様ではなくなる。農村では人が生物を利用し文化を生み出したが、都市では生物が人を利用し、都市の文化に対応した生物が生存する。さらに、人も生物に利用されるだけではなく、積極的に生物と関係を築き、新たな文化を創造している。

　ここで都市と農村の橋渡しをする機能を考察したい。第5章で詳しく解説したように、都市も農村もそれぞれの役割を果たしながら、また相互に関係をもちながら共存している。重要なことは、現代の都市も農村も、共存しないと維持できないということだ。しかし、生物文化多様性から考える共存は、相手を利用したり、されたりする都市像や農村像ではなく、相互補完することでより魅力的な地域に変容することを目標とする。

　では、相互補完はどのようにして成立するのだろうか。第8章で言及した観光は、都市と農村の相互交流から、新たな価値を生み出そうとする。最近の観光は、農村の生態系の鑑賞だけではなく、生態系の意味の理解や新たな価値の創造にシフトしてきている。それは、まさに生態系に意味を見出してきた人の歴史の現代的再生である。現代文化は都市からだけ生み出されるのではなく、農村の生態系と人とのかかわりからもつくり出される。まさに現代文化の創出源として、生態系や生物多様性を再評価してもよいのではないか。第7章で紹介した国立公園やジオパークは、単に自然観察の場ではなく、訪問者が生態系と積極的にかかわることで、ローカルな生態系がもつ意味や在来知を体験する場に変容しつつある。多くの観光客は自然美に惹かれるが、それは観察者としてのまなざしである。ここで提案されている新しい自然体験では、単なる観察ではなく、かかわりのなかで自然を再考する機会となるだろう。

社会を豊かにする生物文化多様性

　本書でテーマとした生物文化多様性は、今までの「豊かな社会」の評価、経済的な発展だけでの評価を改めることができる。多様な文化と生態系が相互に作用することで、豊かな場所に変容するからだ。そのため、本書では生物多様性の議論から出発して、多様な生物と人の多元的なかかわりがいかに社会を豊かにしてきたか、またこれから豊かにしていく可能性をもつかについて議論した。

　生物文化多様性は、生物多様性と文化多様性の総和ではなく、それぞれのもつ多様性どうしの相互作用であり、多様であることがプラスの効果をもたらすことへの期待である。そのため、生物多様性についての自然科学的分析だけではなく、生態系がいかにして人とかかわりをもつか、そのかかわりが新たな社会的価値を生み出すかについて、多様な分野からの議論を本書では集約した。

　SDGsが共感を得て、産業界も注目しはじめた現在、モノとしての生態系や生物多様性だけに注目して保全するのではなく、生態系と私たち人とのかかわりや生態系をめぐる人どうしの交流に目を向けたい。人にとってはモノである生態系という対象に意味を見出す能力は、AIにはない人の能力であろう。私たちがつくり出した意味こそが文化である。そして、目には見えないが大切な価値、文化を生み出すための私たちの営みは、食料や水などの生態系の供給サービスを得ることと同様に、人新世を生き抜く力となるだろう。

参考文献

1）佐々木雅幸・川井田祥子・萩原雅也編（2014）『創造農村－過疎をクリエイティブに生きる戦略』学芸出版社, 270p.

2）ダンバー＝ロビン（2016）『ことばの起源－猿の毛づくろい、人のゴシップ』青土社, 295p.

3）立川雅司（2005）「ポスト生産主義への移行と農村に対する「まなざし」の変容」日本村落研究学会編『消費される農村 － ポスト生産主義下の「新たな農村問題」』農山漁村文化協会, pp.7-40.

おわりに

　「はじめて学ぶ」というタイトルがついた本書は、2012年にはじまった研究プロジェクトから得られつつある「途中の成果」をまとめた。その理由は、本書のテーマである「生物文化多様性」は新しい考え方であり、この言葉が示す、新しい研究領域の存在を多方面に問うことが重要だと考えたからである。

　この研究はもともと、金沢市にある「国連大学サステイナビリティ高等研究所いしかわ・かなざわオペレーティングユニット（UNU-IAS OUIK）」の研究プロジェクト「都市と生物多様性」として2012年にはじまった。プロジェクトのタイトルどおり、都市の文化と生態系や生物多様性との関係を整理することが当初の関心であった。しかし、文化と生態系のかかわりは都市に限られていない。都市以外の地域、農村にもかかわりはある。また伝統文化と生物多様性の関係だけではなく、都市からは新しい現代文化が日々生み出されている。そこで、都市と農村、伝統と現代を超えて、生態系と文化のかかわりから生み出される価値に注目した。この点で、現代文化と伝統文化の混在があり、周辺地域の自然との距離が近い金沢は、生物文化多様性についての議論をする場としてすぐれていた。

　こうした関係性のダイナミズムを、多様性をキーワードにして研究会で議論した。国連大学のプロジェクトに続き、幸い2014年度からは、科学研究費「地域の生物文化多様性を基盤としたレジリアントな観光ガバナンスの研究（JSPS科研費JP26283015）」および「観光地域における資源戦略のための地域資源の高度利用プロセスの研究（JSPS科研費JP18H03459）」によって研究を引き継ぎ、フィールド研究が進んだ。

　研究プロジェクトの進展とともに明らかになったのは、各分野から参加した研究者の研究や思考方法、フレームワークの差異である。それを多様性だと歓迎することもできるが、研究での議論や本書の編集では苦労することが多かった。しかし、本書を読んでいただければわかるように、異分野、多分野の研究者が参加したことで、新しい視点がいくつも出てきた。

一方、文化多様性や文化を議論しながら、文化研究者や文化人類学者の参加がないことに疑問をもつ読者もいるだろう。それは、あえて参加を退けたのではなく、専門分野が文化ではなくとも、誰もが、どの分野からでも文化が議論できると考えた結果である。

　ただし、本書で解決できなかった課題は、時間の長さである。生態系の多様性と文化多様性を比較できないのは、前者の歴史は百万年単位だが、後者を論じる場合、無意識に数十年や数百年を想定することが多い。そこには時間のスケールの圧倒的なちがいがある。そのため、文化多様性は生物多様性の長い歴史の土壌に、人が咲かせてきた花のようなものである。それは同時に、生物としての人が「意味を説明できる」能力をもったからでもある。種としての集団の維持を優先してきた野生の動植物とは異なり、人は個体、いや「個」の存在を優先してきた。それが文化多様性をもつことにつながった。しかし個の優先と引き換えに、集団としての「秩序」と種の維持をどう調整するかという難題ももつことになった。このような生物としてのヒトと文化創造者としての人の関係は、簡単には整理できない。本研究プロジェクトが次にとりくまなければならない課題でもある。

　さて、本書の出版にあたり、企画の当初から「猛急」というメールで常に進行を促してくれた講談社サイエンティフィクの堀恭子さんにまずはお礼を申し上げたい。堀さんの温かく、そして美しい励ましなくして、本書は実現しなかった。また、多分野の研究者が執筆した本書を、その差異にため息をつきながらも何度も通読して、的確な校正をしてくれた吉田昭代さんに感謝したい。

　最後に、この研究プロジェクトを支援してくれた関係者、フィールドでの研究メンバーの問いかけや対話に応えてくれた関係者にお礼を申し上げたい。研究者は時に、日常では何の疑問ももつ必要がないことに関心をもち、くり返し問いかける。この成果への評価は、研究者だけではなく、フィールドの生態系と、その対話に参加してくれた多くの関係者にも還元されるべきものである。

穏やかな2020年の元旦を迎えた石川県加賀市大聖寺で

編者代表　敷田麻実

索引

210

ま

や

ら

欧文

編著者・漫画家紹介

敷田麻実 博士（学術）
金沢大学大学院社会環境科学研究科博士課程修了
現　在　北陸先端科学技術大学院大学　教授

湯本貴和 理学博士
京都大学大学院理学研究科植物学専攻博士課程修了
現　在　京都大学霊長類研究所　教授・所長

森重昌之 博士（観光学）
北海道大学大学院国際広報メディア・観光学院観光創造専攻博士後期課程修了
現　在　阪南大学国際観光学部　教授

ドウノヨシノブ
京都精華大学美術学部デザイン学科卒業
現　在　京都精華大学マンガ学部　講師，
一般社団法人なないろめがね　代表理事

NDC689　　223p　　21cm

はじめて学ぶ生物文化多様性

2020 年 2 月 6 日　第 1 刷発行
2021 年 7 月 6 日　第 2 刷発行

編著者　敷田麻実，湯本貴和，森重昌之
漫　画　ドウノヨシノブ

発行者　髙橋明男
発行所　株式会社　講談社
〒112-8001　東京都文京区音羽 2-12-21
販　売　（03）5395-4415
業　務　（03）5395-3615
編　集　株式会社　講談社サイエンティフィク
代表　堀越俊一
〒162-0825　東京都新宿区神楽坂 2-14　ノービィビル
編　集　（03）3235-3701

本文データ制作　株式会社双文社印刷
カバー・表紙印刷

本文印刷・製本　株式会社講談社